KATHARINA SCHLEGL-KOFLER

CLICKERTRAINING

So klappt der Trick
mit dem Click

INHALT

Die Basics fürs Clickern

Clicker-Alltagspraxis

Das nächste Level

Teste dein Clickerwissen!

Scanne den QR-Code und finde heraus, wie viel du schon übers Clickertraining weißt! Erfahre spannende Fakten und lerne noch mehr über deine Lieblingstiere.

Hier geht's zum Quiz:

Auf einen Blick

Hilfe bei Problemfällen

Service

STECKBRIEF

Clickertraining für Hunde

Hunde sind intelligent und lernen schnell. Mit dem Clicker ist es noch einfacher, ihnen etwas beizubringen, weil sich das erwünschte Verhalten genau im richtigen Moment belohnen lässt. So motiviert sind unsere Vierbeiner zu erstaunlichen Leistungen fähig. Höchste Zeit, es selbst auszuprobieren!

0 %

Im Gegensatz zum Training über Zwang und Strafe liegt das Risiko dafür, dass ein Hund das Vertrauen zu seinem Menschen verliert, beim Training über positive Verstärkung bei nahezu null Prozent. Beide können also nur gewinnen!

0,5 - 2

SEKUNDEN

Genau so lang haben Sie Zeit, um das erwünschte Verhalten Ihres Hundes mit dem »Click!« zu verknüpfen.

1682

So viele Hundeschädel haben Wissenschaftler untersucht und dabei herausgefunden: Die besonders kooperativen Arbeitshunderassen haben im Vergleich zu ihrer Körpergröße das kleinste Hirnvolumen. Das größte Gehirn ist also nicht immer das klügste.

360

So viele offiziell anerkannte Hunderassen gibt es weltweit. Sie unterscheiden sich im Aussehen, vor allem aber auch in ihren Eigenschaften und ihrer Bereitschaft zur Kooperation.

10 Minuten

Länger können sich die wenigsten Hunde konzentrieren. Länger sollte man das Clickern also nicht trainieren. Und: Je jünger der Hund, desto kürzer die Trainingseinheiten.

1.000

Spielzeuge konnte Border Collie Chaser aus den USA am Namen unterscheiden. Eine so hohe Anzahl ist sehr selten. Bei uns wurde einst Border Collie Rico bekannt, der in der Spielshow »Wetten, dass..?« immerhin 77 Spielzeuge auseinanderhalten konnte.

Die Basics fürs Clickern

Möchten Sie mit Ihrem Hund Tricks trainieren oder ihm Gehorsamsübungen anders als mit herkömmlichen Methoden beibringen? Dann verwirklichen Sie Ihre Vorstellungen mit dem Clickertraining.

CLICKERTRAINING – KLEINES SIGNAL, GROSSE WIRKUNG

Schon seit einiger Zeit erfreut sich das Clickertraining in der Hundeausbildung großer Beliebtheit. Wenn Sie in Zoofachgeschäften einkaufen, ist Ihnen beim Hundezubehör vielleicht schon mal ein dafür benötigter Clicker aufgefallen. Er sieht aus wie eine Art kleines Kästchen, das wie ein Knackfrosch funktioniert. Man drückt darauf und erzeugt dadurch ein deutliches Knackgeräusch.
Sie werden sich jetzt vermutlich fragen, was es mit diesem Geräusch auf sich hat. Zunächst nichts, denn erst durch entsprechendes Training bekommt es für den Hund eine ganz bestimmte Bedeutung. Diese Art des Trainings ist nicht neu. Vermutlich haben Sie es, vielleicht unbewusst, auch schon erlebt – nämlich im Zoo. Robben, Wale, aber auch Affen und andere Tiere lernen ihre Kunststücke nach diesem Prinzip. Delfine oder Robben beispielsweise lassen sich nicht durch eine Leine oder einen Zügel beeinflussen. Deshalb musste man andere Wege finden, um ihnen zu zeigen, welches Verhalten man gerne sehen würde.
Populär im Bereich der Hundeerziehung wurde das Clickertraining vor allem durch Karen Pryor, Zoologin und Delfintrainerin aus den USA. Eigentlicher »Erfinder« eines wichtigen Teils des Clickertrainings war jedoch schon Jahrzehnte früher der russische Mediziner und Nobelpreisträger Iwan Petrowitsch Pawlow (1849–1936). Er verknüpfte die Fütterung seiner Versuchshunde über eine gewisse Zeit mit einem Glockenton und stellte dabei Interessantes fest: Nach einer bestimmten Anzahl von Wiederholungen begannen die Hunde bereits allein auf den Glockenton hin so zu »sabbern«, als hätten sie den vollen Napf vor sich.
Nun können Sie sich sicher schon etwas besser vorstellen, was hinter dem Clickertraining steckt. Wie es genau funktioniert, erfahren Sie auf den folgenden Seiten.

WIE DAS CLICKERTRAINING FUNKTIONIERT

Damit das Prinzip des Clickertrainings auch gut verständlich wird, unternehmen wir jetzt zusammen einen kurzen Ausflug in den Bereich des Lernverhaltens von Hunden.

MOTIVATION IST ALLES

Um ein Verhalten Ihres Vierbeiners positiv zu bestärken, brauchen Sie einen Verstärker, also eine Belohnung (→ Seite 7) – und je reizvoller diese für den »Schüler« ist, umso wirksamer ist sie.

Primärer Verstärker: Hat ein Verstärker bereits von Natur aus eine hohe Bedeutung, dann spricht man von einem primären Verstärker. Das ist beim Hund z. B. Futter. Es ist von Natur aus sehr bedeutungsvoll, ja sogar lebenswichtig für ihn. Für einen Hund mit entsprechender Veranlagung kann aber auch ein fliegender Ball ein Verstärker sein. Das Problem ist jedoch, dass man seinem Vierbeiner nicht in allen Situationen, in denen man ihn für etwas loben möchte, im richtigen Moment ein Leckerchen geben oder einen Ball werfen will bzw. kann.

Sekundärer Verstärker: Stellen Sie sich vor, Sie möchten Ihrem Hund beibringen, einen Gegenstand vom Boden aufzunehmen, und er tut das gerade. Wenn Sie jetzt in die Tasche nach dem Leckerchen greifen, wird er den Gegenstand sofort fallen lassen und stattdessen an Ihrer Leckerchentasche »kleben«. Das optimale Timing des Belohnens erleichtert in solchen Situationen ein sogenannter sekundärer Verstärker, der dem Hund im richtigen Moment sagt: »Gut gemacht! Gleich gibt es leckere Happen.« Erinnern Sie sich an den russischen Mediziner Pawlow und seine Glocke, von dem ich Ihnen auf Seite 7 erzählt habe? Der für seine Hunde zunächst bedeutungslose Glockenton wurde durch Verknüpfung mit dem »natürlichen« Reiz Futter quasi selbst zu einer Art Futternapf und rief am Ende dieselbe Reaktion, nämlich den Speichelfluss, hervor, weil die Hunde wussten: »Jetzt gibt es gleich Futter.« Beim Clickertraining wird der Clicker zum sekundären positiven Verstärker, indem er eine Zeit lang mit Futter gekoppelt wird. Zum besseren Verständnis

Erwartungsvoll schaut dieser Hund nach dem erfolgten Click auf seinen Menschen – gleich folgt der erhoffte Leckerbissen.

1 Futter hat für den Hund von Natur aus einen hohen Wert. Er muss nicht erst lernen, was es bedeutet. Daher ist Futter ein primärer Verstärker.

2 Spielen ist für Hunde – wie das Futter – von Natur aus auf positive Art bedeutend. Deswegen ist es ebenfalls ein positiver primärer Verstärker.

3 Durch die Verbindung mit Futter bekommt das zunächst neutrale »Click« eine Bedeutung: Der Clicker wird zum sekundären Verstärker.

noch mal kurz zurück zu den ebenfalls bereits erwähnten Delfinen. Der sekundäre Verstärker ist hier ein bestimmter Pfiff. Er signalisiert dem Delfin z. B. am höchsten Punkt eines Sprungs, dass das besonders gut war. Aber erst nach dem ausgeführten Sprung holt sich der Delfin seinen Fisch ab. Werfen wir zur Abrundung noch einen Blick in unsere Menschenwelt, denn auch hier gibt es primäre und sekundäre Verstärker. Essen und Trinken sind beispielsweise primäre Verstärker für uns. Geld dagegen ist ein sekundärer Verstärker. Wir haben gelernt, dass wir mit Geld Essen und Trinken kaufen können – und noch viele andere Dinge, die für uns persönlich einen hohen Wert haben: schöne Kleidung beispielsweise, eine Reise, ein neues Auto usw. Deshalb freuen wir uns, wenn wir Geld bekommen, und strengen uns dafür an. Oder würden Sie etwa umsonst arbeiten?

NEGATIVE VERSTÄRKER

Es gibt aber auch negative primäre Verstärker. Ein Beispiel dafür ist Schmerz (etwa verursacht durch einen Stromreiz). Auch einen solchen Verstärker kann man mit einem neutralen Reiz, wie z. B. dem Aufleuchten einer Lampe, koppeln. Diese wird dann zu einem negativen sekundären Verstärker: Sie kündigt Schmerz an und hat ein Verhalten zur Folge, das zur Vermeidung des Stromreizes führt – und zwar auch ohne dass dieser tatsächlich einsetzt.
Als sekundären negativen Verstärker in unserem Lebensbereich könnte man z. B. die Radarkontrolle bezeichnen. Sieht man sie, wird man automatisch die Geschwindigkeit anpassen. Wir haben gelernt, dass es negative Konsequenzen hat, wenn wir zu schnell fahren und ein solches Gerät am Straßenrand steht. Denn wird man »geblitzt«, erzeugt das bei uns negative Emotionen. Wir ärgern uns und sind frustriert, weil es uns womöglich ordentlich an den Geldbeutel geht und weil wir den »Blitzer« übersehen haben. All das möchten wir vermeiden.
Klassische Konditionierung: Der Lernprozess, auf dem die Verknüpfung des primären mit dem späteren sekundären Verstärker beruht, heißt klassische Konditionierung.

Zum Lernen animieren

Indem Sie das gewünschte Verhalten Ihres Hundes positiv verstärken, lernt er schneller und nachhaltiger, was Sie von ihm möchten. Und ganz nebenbei intensivieren Sie gleich noch die Verbindung zu ihm.

WAS IST EIN VERSTÄRKER?

Ein Verstärker ist zunächst einmal etwas, das auf ein Verhalten des Hundes folgt und ihn dazu motiviert, dieses Verhalten häufiger zu zeigen. Das jeweilige Verhalten hat also für ihn Vorteile.

PRIMÄRE VERSTÄRKER

Ein primärer Verstärker ist ein natürliches Bedürfnis des Hundes und hat deshalb von Natur aus für ihn einen hohen Wert. Futter beispielsweise braucht jeder Hund von Natur aus. Deshalb ist das für die meisten Vierbeiner das Highlight schlechthin. Die Geschmäcker sind jedoch sehr unterschiedlich. Der eine tut z. B. für Käsestückchen alles, ein anderer steht auf Apfel, dem dritten schmecken Hundeleckerlies am besten.

JEDER HUND IST ANDERS

Aber es gibt auch andere primäre Verstärker. Auch ein bestimmtes Spielzeug, Spielen und Kuscheln mit seinem Mensch oder Toben mit Artgenossen haben für manche Hunde einen entsprechend hohen Wert.

SEKUNDÄRER VERSTÄRKER

Ein solcher Verstärker hat für den Hund zunächst keine Bedeutung. Das Geräusch des Clickers, ein bestimmtes Wort oder aber auch eine bestimmte Jacke von Ihnen sagen Ihrem Vierbeiner zunächst gar nichts. Sekundäre Verstärker setzt man einerseits bewusst ein, wie den Clicker oder ein Markerwort, etwa »Top«. Hier kann man sich aussuchen, womit man am besten zurechtkommt. Wobei der Clicker, besonders für Anfänger, in aller Regel die beste Option ist. Eine bestimmte Jacke etwa wird unbewusst zum sekundären Verstärker.

SO FUNKTIONIERT ES

Ein sekundärer Verstärker bekommt erst durch die Verknüpfung mit dem primären Verstärker seine Bedeutung. Der Clicker oder das Markerwort durch die Verknüpfung, also z. B. mit Futter. Der sekundäre Verstärker kündigt dann den primären an. Mit einem bestimmten sekundären Verstärker, etwa dem Clicker, lassen sich verschiedene primäre Verstärker verknüpfen, wie Futter, aber auch der fliegende Ball.

UNTERSCHIEDLICHE WERTIGKEIT

»Fortgeschrittene« können je einen bestimmten primären mit einem bestimmten sekundären Verstärker verknüpfen. So lassen sich schwierige Übungen höherwertig belohnen als einfache. Dazu müssen für den Hund aber mehrere primäre Verstärker grundsätzlich hochwertig sein.

TIMING

Der Click im richtigen Augenblick ist ein ganz wesentlicher Faktor in der Arbeit mit Verstärkern. Er wird zum Motivationsbooster für genau das Verhalten des Hundes, das Sie fördern möchten. Nur dann kann der Hund auch gut erkennen, was er richtig gemacht hat.

Fazit

Wer genau arbeitet und die individuellen Vorlieben seines Hundes sehr gut kennt, wird Spaß und Erfolg beim Training haben. Wichtig ist das Grundprinzip: Click oder Markerwort kündigen die Belohnung an. Die muss dann jedes Mal folgen, damit der Hund lernt, dass sich sein Einsatz lohnt.

AUF EINEN BLICK

Art	Was passiert	Ziel	Beispiel aus der Hundeerziehung
Positive Verstärkug	Etwas Angenehmes wird hinzugefügt	Verhalten verstärken (es wird zeitnah/ gern gezeigt)	Der Hund setzt sich rasch, um ein Häppchen zu bekommen
Negative Verstärkung	Etwas Unangenehmes wird entfernt	Ziel wie oben	Druck auf das Hinterteil, Hund setzt sich, um die Einwirkung abzustellen (setzt sich künftig schneller).
Positive Bestrafung	Etwas Unangenehmes wird hinzugefügt	Verhalten soll nicht mehr gezeigt werden	Hund springt am Mensch hoch, der tritt ihm auf die Hinterpfote (Schmerz, Hund springt nicht mehr hoch).
Negative Bestrafung	Etwas Angenehmes wird vorenthalten/ entfernt	Verhalten soll nicht mehr gezeigt werden	Hund springt am Mensch hoch, dieser dreht sich kommentarlos weg (Zuwendung wird entzogen, Hund springt nicht mehr hoch)

ANGSTFREI LERNEN

Ein weiterer Aspekt des Clickertrainings ist das Prinzip der positiven Verstärkung: Auf das erwünschte Verhalten folgt eine Belohnung. Das wirkt beim Hund nicht anders als bei uns. Winkt eine reizvolle Belohnung, ist man gern bereit, etwas dafür zu tun. Lernen auf diese Weise geschieht angstfrei und ohne negativen Stress. Positiver Stress ist aber durchaus gegeben.

Im Gegensatz zur positiven Verstärkung wurde und wird in der Hundeausbildung aber auch mit negativer Verstärkung gearbeitet. Dabei wird der Hund einer negativen Empfindung ausgesetzt, die er durch erwünschte Verhalten abbrechen kann. Sehen wir uns den Unterschied an einem Beispiel an: Sie möchten Ihrem Hund als neue Übung das »Platz« beibringen. Mit positiver Verstärkung wird der Hund mittels Leckerchen dazu animiert, sich ins Platz zu legen. Er kann den Happen nur dann erreichen, wenn er in der entsprechenden Position liegt. Tut er das nicht, gibt's lediglich kein Häppchen. Bei der Ausbildung über negative Verstärkung dagegen tritt man so auf die Leine, dass sie den Hund nach unten zieht, solange er steht oder sitzt. Sobald er liegt, wird sie locker. Sie können sich sicher vorstellen, in welcher der beiden Szenarien der Hund wesentlich freudiger und vertrauensvoller lernt.

Operante Konditionierung: Der Hund lernt bestimmte Verhaltensweisen, weil er Erfolg damit hat – es gibt eine Belohnung, oder eine negative Empfindung hört auf. Das nennt man Lernen durch operante Konditionierung. Der Clicker ist also, nachdem er zunächst zum sekundären Verstärker geworden ist, nichts anderes als die Belohnung für erwünschtes Verhalten des Tieres.

BELOHNUNG BLEIBT AUS

Nicht immer tut der Vierbeiner das, was er soll. Damit er lernt, was Sie möchten und was nicht, muss unerwünschtes Verhalten Folgen haben. Im Zusammenhang mit dem Training über positive Verstärkung, also auch dem Clickertraining, kommt die sogenannte negative Strafe ins Spiel. »Negativ« bedeutet hier, dass etwas Angenehmes weggenommen oder vorenthalten wird. Soll der Hund also etwas Neues lernen und zeigt nicht das erwünschte Verhalten, etwa »Sitz«, gibt es keinen Click. Ein weiteres Beispiel : Der Hund kann bereits »Sitz«, macht es aber nicht. Sein geliebter Ball fliegt nicht, solange er nicht sitzt. Die Belohnung bleibt also aus. Damit das wirkt, muss dem Vierbeiner die Belohnung allerdings wichtiger als alles andere sein. Und er darf keine für ihn lohnenswerte Alternative, z. B. nach einer Maus zu buddeln, zur Wahl haben. Nur dann wird der Hund auch motiviert sein, letztlich das erwünschte Verhalten zu zeigen.

Positive Strafe: Im Gegensatz dazu gibt es die positive Strafe, was bedeutet, dass ein unangenehmer Reiz hinzugefügt wird. Der Hund zerrt beispielsweise an der Leine und wird mit einem Leinenruck korrigiert.

Das Risiko der positiven Strafe besteht unter anderem darin, nicht die richtige Dosis zu finden. Fällt sie zu heftig aus oder hat der Hund noch gar nicht wirklich verstanden, dass er, wie im Beispiel, an der lockeren Leine gehen soll, kann das zu einem Verlust des Vertrauens zu seinem Menschen und starker Verunsicherung führen. Lernen über positive Strafe ist daher kontraproduktiv – ganz besonders in Verbindung mit dem Clickertraining, da sie zusätzlich auch noch die Motivation des Hundes hemmt. Ohne die Konditionierung eines Abbruchsignals (→ Seite 83) kommt man allerdings auch hier nicht aus.

Beherrscht der Hund ein Signal sicher, muss es ausgeführt werden. Das gilt in erster Linie für den Grundgehorsam, nicht für Kunststücke. Um dies zu erreichen, kann gut mit Körpersprache und Stimme gearbeitet werden, aber je nach Hundetyp gelegentlich auch eine negative Verstärkung notwendig sein (→ Problemfälle ab Seite 79).

Lernen über positive Motivation fällt viel leichter als Training mit Strafen und starkem körperlichem Zwang oder gar Gewalt.

ALLES SITZT
Stimmt die Motivation und wurde schrittweise geübt, gelingen Tricks auch dann, wenn andere Beschäftigungen locken, etwa ein Spiel mit Artgenossen.

DIE VORTEILE DES CLICKERTRAININGS

Sie wissen nun, was der Clicker ist: ein sekundärer Verstärker, den man für das Erziehen mittels positiver Verstärkung einsetzt. Doch was ist der Vorteil eines Clickers? Wie konditioniert man den Hund darauf? Wie geht man an eine Übung heran? Rund um diese Fragen gibt es einige Dinge zu beachten. Der Clicker ist zwar kein Wundermittel, er hat aber einige Vorteile im Vergleich zum Training ohne Clicker. Das gilt besonders dann, wenn es um das Erlernen von Tricks und kleinen Kunststücken geht.

DAS SPRICHT FÜRS CLICKERN

Vielleicht fragen Sie sich, ob man nicht anstelle des Clickers ein bestimmtes Wort benutzen könnte. Und ja: Grundsätzlich könnte man das Futter genauso mit einem »Fein« koppeln, und dieses Wort würde dann zum sekundären Verstärker. Die meisten Hundehalter machen das sogar mehr oder weniger unbewusst so, aber nicht wirklich exakt. Der Nachteil ist nämlich, dass der Hund Ihre Stimme und die anderer Familienmitglieder den ganzen Tag hört. Manche Menschen reden außerdem zu viel und zu wenig gezielt mit ihren Vierbeinern, sodass ihre Stimme für den Hund oft an Wirkung eingebüßt hat. Könnten Sie zudem sicherstellen, dass der Hund das Hörzeichen ausschließlich im Zusammenhang mit dem Training hört? Das dürfte schwierig sein.

Exklusives Geräusch: Der Clicker ist im Gegensatz zur Stimme im Alltag des Hundes ein »exklusives« und markantes Geräusch. Er ist einfach in der Handhabung und kommt anders als Worte auch nicht »versehentlich« zum Einsatz. Der Clicker sollte deswegen auch immer gut verstaut sein. Nicht dass Ihre Kinder ihn für einen lustigen Knackfrosch halten und damit spielen. Dann wäre der Clicker seine Bedeutung schnell los.

Genaues Timing: Der Clicker ermöglicht es, den Hund im exakt richtigen Moment zu bestärken. Egal, ob das eine bestimmte Bewegung oder eine Körperhaltung ist. Mit etwas Übung werden Sie problemlos erkennen, wann der richtige Moment für ein »Click« ist.

Belohnung aus der Entfernung: Auch wenn Ihr Hund nicht in Ihrer unmittelbaren Nähe ist, können Sie ihn mithilfe des Clickers im richtigen Moment loben. Möchten Sie ihm beispielsweise beibringen, einen Ball zu rollen, kann er dabei mehrere Meter entfernt sein. Das Lob besteht nun in einem Click, denn »Click« heißt ja: »Gut gemacht, Happen folgt.«

Erleichterung: Übungen zum Grundgehorsam erfordern nicht unbedingt einen Clicker, aber den gezielten Einsatz von Stimme und Körpersprache. So mancher Hundebesitzer tut sich aller-

Gut zu wissen

Bei einer sicher sitzenden Übung kann man nach und nach auf den Clicker verzichten, ihn also »ausschleichen«. Prinzipiell muss der Hund jedoch für gute Zusammenarbeit ausreichend bestärkt werden. Fehlt diese Bestätigung auf Dauer, wird die Ausführung schlampig, oder das Verhalten erlischt ganz. Bei führigen und motivierten Hunden kann man Belohnungen und Bestätigungen meist schnell einschränken, phlegmatische oder leicht ablenkbare Schüler brauchen wesentlich mehr Motivationshilfe.

Sie möchten den Hund genau jetzt loben, weil er den Ball anschaut? Für die Bestätigung im optimalen Moment ist der Clicker konkurrenzlos. Das Timing stimmt genau.

dings schwer damit, seine Tonlagen zu verändern oder seinem Hund durch die Körpersprache das Richtige zu vermitteln. In diesem Fall erleichtert der Clicker die Kommunikation.

Gefräßigkeit: Sind Hunde besonders gefräßig oder wurde die Verbindung Leckerchen als Belohnung falsch aufgebaut, sind sie oft so fixiert auf die Leckerchentasche oder die Hand, dass sie sich auf nichts anderes mehr konzentrieren. Das lässt sich mit dem Clicker lösen. Achten Sie dann auch darauf, dass sich die Belohnungshappen nach der Konditionierung auf den Clicker beim Training zumindest anfangs nicht in Ihrer direkten Nähe befinden.

NICHT NUR CLICKEN

Muss man seinen Hund immer mit dem Clicker bestätigen? Das ist nicht nötig und wäre auch etwas umständlich, weil man den Clicker ständig dabeihaben müsste. Mit zunehmendem Können belohnt man seinen Hund nur noch variabel und für besondere Leistung, auch mit dem Clicker. Kann er die Übung perfekt und zeigt sie auf Signal hin zuverlässig, reichen als Lob auch Stimme, Streicheleinheiten oder ein Spielchen. Aber auch Leckerchen stehen weiter auf dem »Belohnungsplan«. Wichtig ist auch ohne Clicker immer, dass die Belohnung den individuell für Ihren Hund entsprechenden Wert hat.

WORAUF ES BEIM ÜBEN ANKOMMT

Ein Hund zeigt grundsätzlich solche Verhaltensweisen gern, die sich in irgendeiner Weise für ihn lohnen. Damit er möglichst hoch motiviert ist, muss der Clicker also eine außerordentlich reizvolle Belohnung versprechen. Nur dann wird er zum entsprechend wirksamen sekundären Verstärker. Was aber nun »reizvoll« ist, kann von Hund zu Hund sehr verschieden sein. Während für den einen schon normale Trockenfutterpellets echte Highlights sind, hat ein anderer dafür nur einen müden Blick übrig, ist aber für ein Stückchen Käse oder gekochtes Hühnchen durchaus zu allen möglichen Schandtaten bereit.

DIE RICHTIGE BELOHNUNG

Bevor Sie mit Ihrem Hund arbeiten, sollten Sie testen, was für ihn die ultimative Belohnung ist. In der ersten Zeit ist Futter am sinnvollsten, es ist einfach und praktisch und in jeder Situation zu verwenden. Zudem ist der Hund auch nach dem Belohnen bei Ihnen unter Kontrolle.

Vorlieben: Futter ist für die meisten Hunde der wirksamste primäre Verstärker. Ist das Gelernte gefestigter und »steht« der Vierbeiner durchaus auf andere Dinge, kann die Belohnung zwischendurch mal anders ausfallen. Auch ein anschließend geworfener Ball oder ein Zerrspiel mit Ihnen kann eine reizvolle Belohnung nach dem Click sein. Genauso kann, wenn der Hund gern mit Artgenossen tobt, das ausgelassene Spiel eine Belohnung sein, nachdem er beispielsweise länger Blickkontakt zu Ihnen gehalten hat, obwohl die anderen Hunde in Sichtweite sind. Nur eins ist wichtig: Was Sie Ihrem Vierbeiner als Belohnung nach dem Click anbieten, muss für ihn etwas ganz Tolles sein.

Nicht zu satt üben: Noch etwas gilt es bei der Arbeit mit Futter zu beachten: Ihr Vierbeiner sollte immer einen gewissen Hungerpegel haben. Ziehen Sie also die Leckerchen von seiner Tagesration ab und arbeiten Sie am besten vor der Fütterung, nie direkt danach mit ihm. Wenn der Hund sich gerade satt gefressen hat, verliert ein Extrahappen schnell an Reiz.

Jede Übung wird ohne Ablenkung trainiert, bis der Hund das Verhalten gezielt von selbst anbietet.

Zeigt Ihr Hund zuverlässig das gewünschte Verhalten, steigt die Ablenkung, und die Umgebung kann wechseln.

ERFOLGREICH KONDITIONIEREN

Bevor es nun richtig losgeht, steht die Konditionierung auf den Clicker auf dem Programm. Denn nur wenn der Vierbeiner die Bedeutung des Clickers erlernt hat, kann sich auch der gewünschte Effekt einstellen.

Übungsumfeld: Bereiten Sie zunächst alles vor. Sie brauchen eine ruhige, bekannte Umgebung, am besten innerhalb der Wohnung. Außerdem eine Portion kleiner, weicherer Häppchen, die der Hund möglichst nicht kauen muss. Denn sonst wird der zeitliche Zusammenhang zwischen dem Click und dem Schlucken der Belohnung zu lang. Die Leckerchen legen Sie entweder auf einen Tisch oder Sie haben sie in der Tasche. Auf jeden Fall sollten Sie sie rasch in die Hand nehmen können. In der anderen Hand halten Sie den Clicker. Der hungrige Hund ist unmittelbar in Ihrer Nähe. Gegebenenfalls nehmen Sie ihn an die Leine. Und dann geht es los!

Übungsdauer: Clicken Sie und geben Sie dem Hund anschließend sofort ein Leckerchen. Dann clicken Sie wieder, und erneut gibt es zeitnah das Häppchen. Das wiederholen Sie ca. 10- bis 15-mal, insgesamt nur wenige Minuten lang. Dann folgt eine Pause, sonst wird es langweilig. Wenn die erste Trainingseinheit z. B. am Vormittag war, wiederholen Sie das Ganze am Nachmittag. In der Regel reicht das, und der Hund hat verstanden, dass der Click einen Happen ankündigt. Sie können es ausprobieren, indem Sie clicken, während der Hund gerade mal wegschaut. Schaut er Sie jetzt erwartungsvoll an, hat er verstanden, worum es geht. Sie werden rasch merken, dass Ihr Hund sofort aufmerksam und motiviert zur Stelle ist, sobald Sie den Clicker hervorholen.

DARAUF SOLLTEN SIE ACHTEN

Damit das Clickern gelingt und Zwei- und Vierbeiner Spaß macht, gibt es bei den ersten Schritten wichtige Aspekte zu beachten. Denn nur bei genauem Arbeiten stellt sich der Erfolg ein.

- Geben Sie dem Hund wirklich nach jedem Click ein Leckerchen, also kein Click ohne Leckerchen. Clicken Sie immer, bevor Sie es geben, nicht etwa erst danach.
- Greifen Sie immer erst nach dem Clicken zum Leckerchen, nicht schon davor. Sonst konditionieren Sie den Hund womöglich auf Ihre Handbewegung in Richtung Leckerchen. Das sollte nicht passieren.
- Überlegen Sie, wer aus der Familie die Konditionierung übernimmt. Berücksichtigen Sie dabei auch, wer am besten die Zeit dafür hat und sich mit dem Thema entsprechend beschäftigen möchte. Die Übungseinheiten macht man am besten allein. Falls jemand aus der Familie dabei sein möchte, sollte er sich »unauffällig« verhalten. Jede Ablenkung kann den Hund stören.
- Im Lauf des zweiten Trainingstags können Sie die Leckerchen bereits weiter entfernt deponieren. Sie stehen beispielsweise mitten im Zimmer, die Happen liegen ein bis zwei Meter entfernt auf dem Tisch. Der Vierbeiner soll sich auf Sie konzentrieren, nicht auf die Belohnungshappen.
- Ob der Hund sitzt, liegt oder steht, wenn Sie ihn auf den Clicker konditionieren, ist unerheblich. Es ist sogar günstig, wenn er nicht immer in derselben Position ist, weil sonst diese mitkonditioniert wird. Der Vierbeiner soll aber nur »Click – Leckerchen« verknüpfen.
- Die meisten Hundehalter reden gern mit dem Hund. Während der Konditionierung ist allerdings Schweigsamkeit angesagt. Achten Sie bewusst darauf, den Hund nicht anzusprechen. Auch nicht kurz oder als stimmliches Lob während des Clicks. Höchstens mal danach. Beeinflussen Sie ihn auch nicht durch Gesten. All das würde den Verknüpfungsprozess stören.
- Während Sie den Hund auf den Clicker konditionieren, darf nichts Negatives auf ihn einwirken. Mancher Vierbeiner ist z. B. etwas grob, wenn er ein Leckerchen nimmt. Korrigieren Sie ihn nicht, weder stimmlich noch dadurch, dass er den Happen nicht bekommt. Das Problem lässt sich einfach lösen, indem sie ihm das Leckerchen nicht aus der Hand geben, sondern es auf den Boden werfen – allerdings so, dass er es sofort findet.

Gut zu wissen

Ein Clicker hat nicht dieselbe Funktion wie eine Hundepfeife, auch wenn sich beispielsweise im Zoo beobachten lässt, dass Kunststücke mit einem Pfiff bestätigt werden (etwa bei Robben). In der Arbeit mit Hunden wird die Pfeife unter anderem als Rückruf- oder auch als Stoppsignal eingesetzt, was beides sinnvoll ist. Worin liegt nun genau der Unterschied? Beim Einsatz der Hundepfeife wird ein bestimmter Pfiff mit einem bestimmten Verhalten verknüpft. Ziel ist, dass der Pfiff dieses Verhalten, etwa das Zurückkommen, auslöst. Der Clicker wird dagegen mit einer Belohnung verknüpft. Hier ist das Ziel, das unmittelbar vor dem Click gezeigte Verhalten zu belohnen. Er erfolgt also nach dem erwünschten Verhalten.

SCHRITT FÜR SCHRITT
Das dazugehörige Signal sollte immer erst dann eingeführt werden, wenn eine Übung an verschiedenen Orten und unter Ablenkung klappt.

Vorbereitungen zum Clickertraining

Damit das Training schnell Erfolg zeigt, müssen die Voraussetzungen stimmen. Hier ein paar wichtige Basics, damit Ihr Hund rasch versteht, was das Clickgeräusch bedeutet.

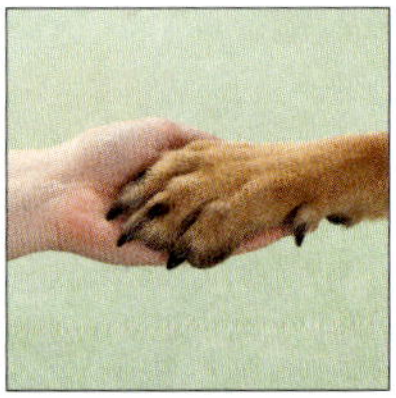

REIZARME ZONE

Damit Ihr Vierbeiner und Sie sich optimal auf das Clicken konzentrieren können, brauchen Sie am Anfang jeder Übung eine ablenkungsfreie Umgebung. Für den Hund bedeutet Ablenkung allerdings oft etwas anderes als für Sie – da kann sogar schon der Lieblingsball in der Zimmerecke einen zu großen, unwiderstehlichen Anreiz ausüben.

EXAKTES TIMING

Auf den richtigen Moment kommt es an. Nur dann kann Ihr Hund erkennen, welche Verhaltensweise richtig war. Wird im falschen Moment geclickt, bringt das den Vierbeiner auf eine falsche Spur. Beobachten Sie Ihren Hund deshalb gut, damit Sie schon bei kleinen Aktionen in die richtige Richtung clicken können. Behalten Sie den Clicker während einer Übung immer in der Hand, um bei Bedarf schnell genug zu reagieren. Dann stellt sich auch bald der Erfolg ein.

GANZ RUHIG

Während der Hund testet, was nun der Click bringt, nicht mit ihm sprechen, da das den Lernprozess stört. Lediglich das Leckerchen nach dem Click können Sie mit einem kurzen verbalen Lob verbinden.

SCHNELLE BELOHNUNG

Damit Ihr Hund den Click und das Belohnungshäppchen direkt und optimal miteinander verknüpft, sollten die Leckerchen zumindest in der Konditionierungsphase möglichst klein und relativ weich sein. Damit ist gewährleistet, dass der Hund die Belohnung rasch und ohne Mühe schlucken kann. Muss er auf einem Futterbrocken länger herumkauen und fallen womöglich noch Krümel auf den Boden, ist er schnell abgelenkt, und die wichtige Verknüpfung wird gestört.

EXKLUSIVES GERÄUSCH

Achten Sie darauf, den Clicker bei den Vorbereitungen zum Üben nicht versehentlich zu betätigen – und auch sonst nicht außerhalb des Trainings. Sonst klappt die Verknüpfung nicht.

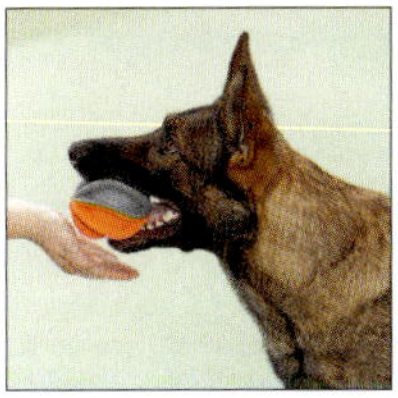

SCHRITT FÜR SCHRITT

Erst wenn eine Übung wirklich sitzt, sollte der Hund sie auch unter Ablenkung ausführen. Erhöhen Sie den Außenreiz erst, wenn der vorausgegangene Übungsschritt wirklich perfekt klappt.

Konditionierung leicht gemacht

Bevor man mit Übungen ins Clickertraining einsteigt, lernt der Hund, welche Bedeutung der Clicker überhaupt für ihn hat. Nehmen Sie sich für die Konditionierung bewusst die nötige Zeit. So steht der Freude am Clickertraining nichts im Weg.

SCHRITT 1

Zunächst brauchen Sie einen ruhigen Raum ohne Ablenkung. Ihr Hund sollte ausgeglichen sein – nicht müde, aber auch nicht voller Bewegungsdrang. Sonst leidet die Konzentration. Und er muss richtig Appetit auf die Belohnungshappen haben.

SCHRITT 2

Legen Sie die weichen, kleinen Häppchen auf den Tisch, am besten in eine offene Dose oder Ähnliches – aber so, dass sie Ihrem Hund nicht gleich in die Augen fallen oder sie dicht vor seiner Nase sind. In eine Hand nehmen Sie den Clicker. Die Hand, mit der Sie die Leckerchen aus der Dose holen, befindet sich noch nicht in deren Nähe. Sie sollten die Happen aber rasch nehmen können.

SCHRITT 3

Ihr Vierbeiner befindet sich vor Ihnen, egal in welcher Position und ohne Kommando. Er sollte nur nicht immer in derselben Position sein, also nicht etwa immer sitzen. Sonst verknüpft er das mit.

SCHRITT 4

Schaut Ihr Hund zu Ihnen, clicken Sie. Erst danach nehmen Sie mit der anderen Hand ein Leckerchen aus der Dose und geben es ihm. Sie können es auch auf den Boden werfen – aber so, dass der Hund es schnell findet. Muss er es erst suchen, vergeht seit dem Click zu viel Zeit. Bewegen Sie Ihre Hand immer erst nach dem Clicken in Richtung Happen.

SCHRITT 5

Hat er sein Häppchen geschluckt, ist Ihr Hund wieder »online«. Clicken Sie erneut, greifen Sie anschließend wieder nach einem Happen und geben Sie ihn dem Vierbeiner. Das wiederholen Sie relativ zügig 10- bis 20-mal.

SCHRITT 6

Üben Sie täglich 2- bis 3-mal über zwei bis drei Tage. Damit der Hund den Ort nicht mitverknüpft, ist es wichtig, die Einheiten an wechselnde Stellen in der Wohnung zu verlegen. Verlängern Sie am letzten Tag auch die Zeit zwischen Click und Leckerchen. Etwa dadurch, dass Sie und der Hund in einer Ecke des Raums stehen, die Leckerchendose einige Meter entfernt auf der Kommode. Erst nach dem Click gehen Sie zur Dose und holen den Happen.

SCHRITT 7

Testen Sie nun einmalig, ob die Konditionierung gelungen ist: Achtet Ihr Hund gerade nicht auf Sie, clicken Sie. Schaut er sofort zu Ihnen? Sehr gut! Den Happen nicht vergessen!

Fazit

Eine sorgfältige Konditionierung ist die Basis für das erfolgreiche Clickertraining. Aber fest steht: Der richtige Aufbau und die investierte Zeit werden sich lohnen!

AUFBAU EINER ÜBUNG

Hundetraining braucht System, ob nun mit oder ohne Clicker. Ein systematischer Aufbau macht es dem Hund leicht zu verstehen, was Sie von ihm möchten, und schützt vor Überforderung. Außerdem festigt sich das Gelernte dann auf jeder Schwierigkeitsstufe zuverlässig. Zu rasches Vorgehen verunsichert den Hund leicht, und das Gelernte sitzt nicht wirklich. Das Ziel ist letztlich, dass Ihr Vierbeiner nach entsprechendem Training die Übung dann ausführt, wenn Sie es möchten und ihm ein entsprechendes Signal, also ein Hör- oder Sichtzeichen, geben. Bevor Sie mit einer konkreten Übung beginnen, müssen Sie den Hund bereits, wie auf Seite 22/23 beschrieben, auf den Clicker konditioniert haben.

DIE ÜBUNG ZERLEGEN

Eine komplexe Übung wird zunächst in einzelne Schritte zerlegt und etappenweise aufgebaut. Nehmen wir als Beispiel das Antippen eines in die Erde gesteckten Targetsticks mit der Nase in mehreren Metern Entfernung von Ihnen. Man beginnt damit, dass der Hund den Targetstick einfach nur anstupsen soll, wenn Sie diesen in der Hand halten. Sobald das einwandfrei gelingt, wird die Position des Targetsticks leicht verändert, sodass der Hund gezielt hingehen muss. Klappt auch das, wird die Entfernung erhöht.
Klein anfangen: Da solche komplexen Übungen besonders für den Einstieg nicht ganz einfach sind, sucht man sich für den Anfang besser etwas Einfacheres aus, beispielsweise nur das Anstupsen der Targetstickspitze oder das Aufnehmen des Blickkontakts zu Ihnen. Je weniger Einzelschritte, umso übersichtlicher ist das Üben zunächst für Sie und für den Hund.

WARTEN

Haben Sie sich für eine Übung entschieden, kommt es darauf an, dass der Hund das erwünschte Verhalten oder den Ansatz dazu von sich aus zeigt. Er soll möglichst selbst herausfinden, was er tun muss, um das verheißungsvolle »Click« zu hören. Sie haben schon Leckerchen vorbereitet und halten den Clicker in der Hand. Ihr Hund wird vermutlich erwartungsvoll ankommen und Verschiedenes ausprobieren.
Er stupst Sie vielleicht an, fordert Sie zum Spielen auf oder legt sich hin. Sie tun einfach nichts. Irgendwann, bleiben wir beim Beispiel Blickkontakt, schaut der Hund Sie kurz an – dann erfolgt das »Click«, und er darf sich sein Leckerchen abholen. Manchen Hunden sieht man jetzt förmlich an, wie es in ihrem Kopf »rattert«, um darauf zu kommen, wofür sie die Belohnung bekommen haben. Für Sie heißt es lediglich weiter warten und beobachten. Zeigt Ihr Vierbeiner das Verhalten wieder – Click und Leckerchen.

RICHTIG BELOHNEN

Damit der Hund herausfindet, was er tun muss, gibt es zunächst jedes Mal, wenn er das Richtige macht, einen Click. Das ändert sich, sobald Sie merken, dass Ihr Vierbeiner das Verhalten gezielt von selbst zeigt, um belohnt zu werden – aber wirklich erst dann. Jetzt gibt es nicht mehr für jedes richtige Verhalten den Click, sondern nur ab und zu, also variabel – manchmal beim zweiten Mal, manchmal auch erst später, gelegentlich auch noch nach einem Mal. Jedoch nicht zu selten, sonst verliert der Vierbeiner das Interesse. Aber eben auch, wenn jedes Mal ein Leckerchen folgt, kann das Interesse mit der Zeit sinken.

Alles ist vorbereitet, der Hund in Position: Die Konditionierung kann beginnen! Betätigen Sie den Clicker jetzt zum ersten Mal.

Erst nach dem Click greifen Sie nach dem Happen. Für die optimale Verknüpfung ist das außerordentlich wichtig. Nur so verknüpft der Hund Click und Belohnung.

Geben Sie dem Vierbeiner nun den leckeren Happen. Erst wenn er ihn ganz aufgefressen hat, folgt die nächste »Click-Leckerchen-Sequenz«.

Macht er etwas besonders gut, gibt's nach dem Click einen »Jackpot« – eine Handvoll Häppchen oder etwas ganz Besonderes. Variables Belohnen bewirkt, dass die Erwartungshaltung des Hundes hoch bleibt. Das ist ähnlich wie beim Spielautomaten. Es wird immer wieder gespielt, denn irgendwann könnte ja doch ein Gewinn winken.

ANFORDERUNGEN STEIGERN

Sobald die Übung zuverlässig funktioniert und der Hund freudig mitmacht, steigern Sie die Anforderungen. Der Hund bekommt seinen Click, wenn er Sie beispielsweise länger anhaltend anschaut. Wechseln Sie außerdem die Umgebung, damit der Hund die Übung nicht mit einem speziellen Umfeld verknüpft. Soll der Vierbeiner z. B. seine Nase länger am Stock lassen, clicken Sie erst dann, wenn die Nase etwas länger dort war. Gehen Sie dabei nicht zu schnell vor. Denn dauert es zu lange bis zum Click, findet der Hund nicht heraus, was er tun muss, um seine Belohnung zu bekommen. Das verunsichert ihn. Wie klein die Schritte bei der Steigerung der Anforderungen sein müssen, hängt auch vom Typ Ihres Hundes ab.

SIGNAL EINFÜHREN

Ist Ihnen aufgefallen, dass bisher noch von keinem Hörzeichen die Rede war? Zunächst hat der Hund selbst herausgefunden, was er tun muss, um eine Belohnung zu bekommen. Mittlerweile

Gut zu wissen

Normalerweise soll der Hund beim Clickertraining möglichst ganz allein herausfinden, für welches Verhalten es den Click gibt. Der unerfahrene Anfängerhund sollte allerdings auch nicht zu lange ohne Erfolg herumprobieren müssen, sonst gibt er eventuell auf. Helfen Sie Ihrem Hund deshalb anfangs, wenn Sie das Gefühl haben, dass sein Interesse nachlassen könnte.

FANG!
Auch ein Spiel kann je nach Hundetyp Belohnung sein. Doch Frisbee oder Ball fliegen erst dann, wenn das gewünschte Verhalten gezeigt wurde.

zeigt er das erwünschte Verhalten zuverlässig auf hohem Niveau, also auch unter Ablenkung und in verschiedenen Umgebungen bzw. genau so, wie Sie sich das Endziel vorgestellt haben. Er bietet es aber immer noch rein von sich aus an, um eine Belohnung zu bekommen.

Hör- oder Sichtzeichen: Jetzt ist es an der Zeit, ein Hör- oder Sichtzeichen einzuführen, denn genau so wollen Sie die Übung letztlich sehen und abrufen können. Stupst der Hund je nach Übung beispielsweise den Targetstick an oder schaut Sie bei der Blickkontaktübung an, dann kommt gleichzeitig, also sobald er damit beginnt, Ihr Hörzeichen (beim Blickkontakt z. B. »Schau«). Auch dabei ist wieder das Timing wichtig: Sagen Sie das Hörzeichen nicht schon lange davor, denn noch weiß der Hund ja nicht, was es bedeutet. Hört er es aber, wenn er gerade die Übung beginnt, kann er es verknüpfen. Erst wenn das nach einigen Wiederholungen geschehen ist, geben Sie zuerst das Hörzeichen, und Ihr Hund wird daraufhin das trainierte Verhalten zeigen.

GEZIELT FORDERN

Nun kommt der letzte Schritt. Der Hund wird nur noch dann bestätigt, wenn er das gewünschte Verhalten auf Ihre Aufforderung hin zeigt. Er wird es wahrscheinlich auch noch von sich aus zeigen, um eine Belohnung zu bekommen. Diese Versuche ignorieren Sie nun, beachten Sie also nicht mehr. Sagen Sie kein »Nein« oder Ähnliches. Üben Sie auch das wieder unter verschiedensten Bedingungen, sodass die Übung wirklich überall sitzt. Sie sollten das Gelernte in jeder Situation abrufen können. Belohnt wird außerdem nur noch, wenn die Übung besonders gut ausgeführt wird, z. B. beim Blickkontakt dann, wenn der Hund Sie sofort und lange genug anschaut. Bei ungenauer oder verzögerter Ausführung geht der Hund dagegen leer aus. Allerdings ist es wichtig, die Anforderung der jeweiligen Situation anzupassen und Ablenkungen langsam zu steigern. Beim Beispiel des längeren Blickkontakts kann es je nach Hund sinnvoll sein, unter mehr Ablenkung zunächst schon nach kürzerer Dauer zu bestätigen. So vermeidet man es, den Vierbeiner zu überfordern. Belohnen Sie dann lieber eine kürzere, sehr gute Ausführung der Übung als eine längere, die nicht so gut gelingt. Das hilft auch dem Hund.

Damit der Hund weiß, wann der Unterricht beginnt und wann er endet, verbinden Sie Anfang und Ende mit je einem Extrasignal, beispielsweise »Clickern« und »Fertig«. Im Alltag, etwa wenn Sie den Hund auf dem Spaziergang Blickkontakt aufnehmen lassen, bevor er zu seinem vierbeinigen Freund laufen darf, brauchen Sie diese Signale natürlich nicht.

NOCH EIN PAAR REGELN

Die Theorie ist nun fast geschafft. Ein paar Aspekte noch, dann geht es in die Praxis. Am besten blättern Sie aber auch dann immer wieder mal durch die Theorie, um nichts Wichtiges aus dem Blick zu verlieren.

Gut zu wissen

Hat Ihr Vierbeiner Probleme mit den Gelenken oder dem Rücken? Dann fragen Sie im Zweifel Ihren Tierarzt, welche Übung geeignet ist und welche eher nicht. Ist Ihr Hund momentan gehandicapt, z. B. durch eine Verletzung, machen Sie eine Trainingspause – auch dann, wenn er selbst lieber üben würde. Das würde ihm trotzdem schaden.

Viel Geduld: Im Idealfall soll der Hund durch Eigeninitiative herausfinden, was Sie von ihm möchten. Helfen Sie ihm dabei nur, wenn nötig und möglichst wenig. Nehmen wir wieder den Blickkontakt als Beispiel. Schaut der Hund Sie von selbst auch nach längerer Zeit gar nicht an, schnalzen Sie nur zu Beginn kurz mit der Zunge. Bauen Sie solche Hilfen aber wieder ab.
Schritt für Schritt: Wenn Sie Anforderungen steigern, dann immer erst, wenn die Übung auf dem Niveau davor absolut zuverlässig klappt.
Immer nur einmal: Clicken Sie pro erwünschtem Verhalten immer nur einmal, nicht öfter. Clicken Sie dabei unbedingt genau in dem Moment, in dem Ihr Hund das erwünschte Verhalten zeigt, nicht etwa erst danach.
Typgerecht clicken: Je nach Übung und Hundetyp ist es wichtig, dass Sie schon clicken, sobald der Vierbeiner den Ansatz zum gewünschten Verhalten zeigt. Nehmen wir als Beispiel das Sitzen. Der eine Hund setzt sich von selbst gern und schnell auf sein Hinterteil. Dann reicht es, wenn Sie clicken, sobald er sitzt. Ein anderer geht nur mit dem Hinterteil langsam ein Stück nach unten, steht aber gleich wieder auf, um sich mit etwas anderem zu beschäftigen oder ein anderes Verhalten auszuprobieren. Hier sollten Sie schon clicken, während das Hinterteil nach unten geht. Denn bestätigen Sie das ansatzweise Sitzen nicht, wird der Hund über kurz oder lang auch das nicht mehr zeigen. Schließlich lohnt es sich für ihn nicht.
Clicken genügt: Der Click kündigt die Belohnung an und beendet gleichzeitig das eben gezeigte Verhalten. Dieses muss dann nicht noch zusätzlich verbal aufgelöst werden.

Gut zu wissen

Damit Sie Ihren Vierbeiner nicht ungewollt auf eine bestimmte »Leckerchenhand« konditionieren und er sich nur auf diese konzentriert, wechseln Sie die Hand beim Üben immer wieder mal. Er bekommt sein Belohnungshäppchen also mal aus der rechten Hand, mal aus der linken.

AUCH PAUSEN EINPLANEN

Planen Sie beim Clickertraining immer nur kleine Übungseinheiten, damit der Hund nicht überfordert wird oder das Interesse verliert. Wenn Sie mehrere Einheiten nacheinander üben, machen Sie dazwischen eine Pause. Spielen Sie in dieser Zeit mit Ihrem Hund oder lassen Sie ihn laufen und herumschnüffeln. Sonst sinken Konzentration und Motivation – und damit verlieren letztendlich beide den Spaß am Üben.

NICHT SCHIMPFEN

Tadeln Sie Ihren Hund nicht, wenn er nicht exakt das erwünschte Verhalten zeigt oder beim Einüben einer neuen Übung zuerst das »vorführt«, was er schon kann. Vor allem dann nicht, wenn er noch am Herausfinden ist, womit er sich die Belohnung verdienen kann. Das würde ihn hemmen und seine Eigeninitiative verringern.
Korrektursignal: Zeigt der Hund nicht das richtige Verhalten, sondern beispielsweise eine andere Übung, dann können Sie mit dem Ausbleiben der Belohnung z. B.: »Schade« oder »Fehler« verknüpfen (→ Seite 54). Verwenden Sie aber nicht das Wort, das dem Hund signalisiert, dass etwas völlig tabu ist. Also keines, das Sie benutzen, wenn Ihr Vierbeiner beispielsweise ein Stromkabel anknabbert oder beginnt, sich in Gülle zu wälzen.

SPIELEN Hat für Ihren Hund ein Spiel einen hohen Stellenwert, dann kombinieren Sie auch das als Belohnung mit dem Click – am besten am Ende einer Übung. Werfen Sie ihm seinen Lieblingsball, wenn er ihn auch wieder bringt. Oder animieren Sie ihn zu einem Zerrspiel, aber immer mit Regeln. Meist sind Sie der Sieger und bestimmen Anfang und Ende des Spiels. Wichtig: Als Belohnung reicht es, kurz mit dem Hund zu spielen. Hören Sie immer auf, bevor Ihr Vierbeiner keine Lust mehr hat.

FÜTTERN Futter steht bei den meisten Vierbeinern hoch im Kurs und eignet sich deshalb sehr gut als Verknüpfung mit dem Clicker – besonders für die Erstkonditionierung. Es nimmt den Hund im Gegensatz zum Spiel nicht komplett aus der Situation und unterbricht, richtig verabreicht, nicht die Konzentration. Deshalb ist es gerade zur Belohnung von ansatzweise richtigem Verhalten und Zwischenschritten geeignet.

EINZIGARTIG Damit der Clicker etwas richtig Gutes ankündigt, müssen Häppchen für den Hund reizvoll sein – am besten sind sie klein und relativ weich. Die Geschmäcker sind da allerdings verschieden.

DIE ERSTE PRAKTISCHE ÜBUNG OHNE HUND

Nun geht es los! Zum Einstieg steht zunächst das Clickern ohne Hund auf dem Programm. So tun Sie sich leichter, den Einsatz des Clickers und vor allem das richtige Timing auszuprobieren und einzuüben. Außerdem machen solche Trockenübungen viel Spaß. Sie brauchen dafür mindestens eine weitere Person und natürlich einen Clicker.

EINER SPIELT »HUND«

Bei dieser Trockenübung in der Wohnung übernimmt eine Person die Rolle des Hundes und wird aus dem Zimmer geschickt. Die andere spielt den Hundehalter, hat den Clicker und überlegt sich eine Übung, die der »Hund« ausführen soll, z. B. zu einem bestimmten Stuhl gehen und die linke Hand (Pfote) auf dessen Lehne legen.

DIE EINZELNEN SCHRITTE

Wie schon erwähnt, werden komplexe Aufgaben erst in ihre Schritte zerlegt. In unserer Übung muss sich der »Hund« zunächst im Zimmer bewegen, dann möglichst in die richtige Richtung gehen, mit der linken Hand (Pfote) etwas tun und diese letztlich auf die Lehne legen – gar nicht so einfach. Ist die Aufgabe klar, wird der »Hund« ins Zimmer geholt. Nun soll er durch Probieren herausfinden, was seine Aufgabe ist. Dabei kann es sein, dass der »Hund« einzelne Schritte überspringt oder diese länger dauern. Das ist natürlich nicht nur beim zweibeinigen »Hund« so, sondern auch beim Training mit dem echten Vierbeiner.

RICHTIGE SCHRITTE BESTÄRKEN

Die andere Person beobachtet den »Hund« gut. Nehmen wir an, der »Hund« bewegt sich durchs Zimmer. Es wird immer dann geclickt, wenn er sich ansatzweise in Richtung des richtigen Stuhls begibt. Auch bei jeder weiteren Bewegung in die richtige Richtung wird geclickt. Ist der »Hund« beim Stuhl angekommen, muss er nun herausfinden, was er dort tun soll. Er wird Verschiedenes ausprobieren. Wieder wird jede Aktion in die richtige Richtung bestärkt, beispielsweise wenn er die linke Hand (Pfote) bewegt. Theoretisch könnte es auch sein, dass er sich noch mal vom Stuhl entfernt. Dann wird zunächst wieder jede erneute Aktion in Richtung Stuhl mit dem Clicker bestä-

Durch Ausprobieren und einen Click für jede Bewegung und Aktion in die richtige Richtung wird die Aufgabe schnell mit Spaß gelöst!

tigt. Je präziser geclickt wird, umso rascher wird der »Hund« herausfinden, was er eigentlich tun soll. Bei jedem Click wird er sich freuen, weil er etwas richtig gemacht hat.

STRAFE HEMMT

Stellen Sie sich das Ganze jetzt mal folgendermaßen vor: Der zweibeinige »Hund« wird immer, wenn er etwas falsch gemacht hat, also stehen bleibt, in die falsche Richtung geht, die falsche Hand (Pfote) bewegt usw., mit einem strengen »Nein« getadelt. Er wird sich dann kaum mehr trauen, etwas auszuprobieren, da er ja immer wieder Misserfolge erlebt. So entscheidet er sich dafür, lieber nichts mehr zu tun als letztlich etwas Falsches. Anders wäre es aber mit einem freundlichen Wortsignal wie »Kalt«. Würde der »Hund« nun bei einer neuen Aufgabe dasselbe wie vorher probieren, gibt ihm »Kalt« lediglich an, dass es die völlig falsche Richtung ist, er aber durch Ausprobieren weiterkommt. Das motiviert ihn. Vorausgesetzt natürlich, die Testperson weiß genau, wie das Prinzip des Clickertrainings funktioniert und was es mit dem Korrekturwort »Kalt« auf sich hat (→ Seite 54).
Wenn Sie Spaß an diesem Spiel haben, tauschen Sie doch einfach die Rollen und denken Sie sich weitere Aufgaben aus.

ÜBUNGEN MIT BALL

Das richtige Timing ist beim Clicken ein wesentlicher Faktor. Es heißt zwar oft, man könnte beim Clicken keine Fehler machen, die irgendwelche negativen Folgen haben – im Gegensatz z. B. zur Ausbildung über Zwang oder Ähnliches. So ganz stimmt das jedoch nicht. Denn ein Click zum falschen Zeitpunkt kann je nach Situation natürlich auch ein unerwünschtes oder sogar problematisches Verhalten bestärken. Achten Sie deshalb in der Hundeerziehung insgesamt und eben auch beim Clickertraining darauf, dass Sie im richtigen Moment belohnen. Mit den folgenden beiden Übungen können Sie das exakte Timing üben.

- → Ihr Helfer lässt einen Ball fallen – am besten auf hartem Untergrund, sodass er hüpft. Versuchen Sie, exakt in dem Moment zu clicken, wenn der Ball den ersten Bodenkontakt hat.
- → Noch etwas schwieriger: Der Helfer wirft einen Ball hoch, und Sie versuchen zu clicken, wenn er den höchsten Punkt erreicht. Aber nicht erst dann, wenn er schon wieder auf dem »Rückweg« ist. Schaffen Sie es?

Hier wird einmal mehr der Vorteil des Clickers deutlich. In ähnlichen Situationen im Training mit dem Hund könnten Sie ihn ohne sekundären Verstärker gar nicht im richtigen Moment loben. Und dass diese Art Training bei Tieren wie z. B. Robben ganz und gar unverzichtbar ist, können Sie sich jetzt sicher gut vorstellen.

Hier heißt es sehr gut aufpassen! Erwischen Sie mit dem Click den Moment, in dem der Ball den Boden berührt? Das ist gar nicht so einfach.

Vertrauen lernen in kleinen Schritten

Ein vertrauensvolles Miteinander zwischen Hund und Mensch ist die Grundlage für ein Zusammenleben, bei dem sich beide wohlfühlen. Zudem ist es auch die Basis für gemeinsames Üben, ob mit oder ohne Clickertraining. Fördern Sie es gezielt.

GEMEINSAME ERLEBNISSE

Einen Baumstamm überwinden, einen Bach durchwaten oder eine neue Umgebung erkunden: Gemeinsame »Abenteuer« schweißen zusammen. Finden Sie heraus, was er gern macht und zu was er sich motivieren lässt.

SPIELEN

Spielen macht Spaß und wirkt ebenfalls vertrauens- und bindungsfördernd. Egal, ob man um die Wette rennt, um ein Spielzeug »streitet« (und jeder mal gewinnt) oder ohne Objekt auf dem Boden rangelt.

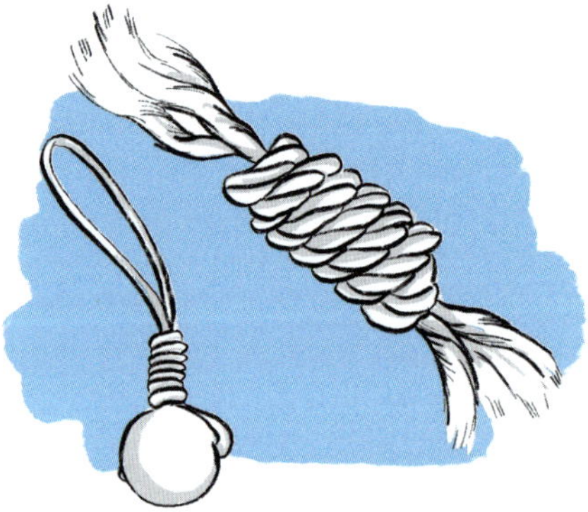

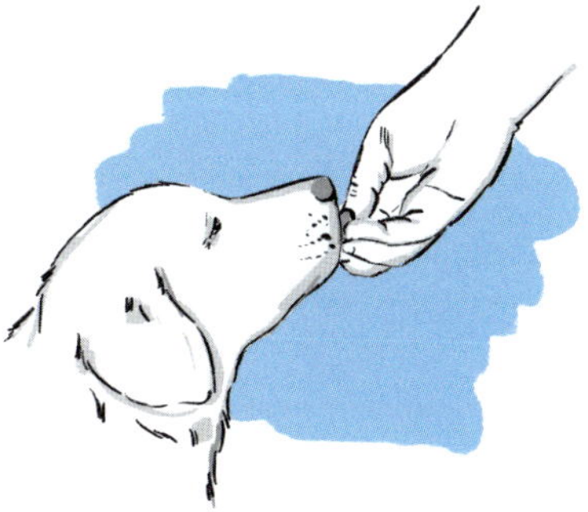

BELOHNEN

Hat der Hund etwas gut gemacht und wird belohnt, egal ob für eine Übung oder ein bestandenes »Abenteuer«, ist das ein Highlight für ihn. Das stärkt sein Vertrauen zu Ihnen und fördert seine Selbstsicherheit.

KÖRPERKONTAKT

Kraulen, ruhiges Streicheln oder gemeinsames Kuscheln fördern den Zusammenhalt und vermitteln Geborgenheit. Richten Sie die Dosis nach Ihrem Hund. Denn nicht alle Vierbeiner sind gleich »schmusig«.

REGELN AUFSTELLEN

Regeln und Strukturen vermitteln dem Vierbeiner Sicherheit und schützen ihn vor Überforderung. Er weiß, dass er sich auf Sie verlassen kann und Sie ihm auch durch schwierige Situationen helfen.

Fazit

Je besser Sie Ihren Vierbeiner kennen, umso gezielter können Sie sein Vertrauen zu Ihnen fördern. Bleiben Sie stets souverän und unaufgeregt. Das gibt ihm Stabilität und Sicherheit.

Clicker-Alltagspraxis

Theorie und Trockenübungen liegen nun hinter Ihnen, und Sie haben ein Gefühl für diese Trainingsmethode bekommen. Jetzt ist es an der Zeit, mit dem Vierbeiner in die Praxis einzusteigen.

ENTSPANNT DURCH DEN ALLTAG

Unsere Vierbeiner begleiten uns im Alltag fast überallhin – und es gibt alle möglichen Situationen, in denen es sehr nützlich ist, wenn sie bestimmte Basics beherrschen, etwa ruhiges Sitzen an unserer Seite, um einen Radfahrer vorbeizulassen. Oder auf Ruf sofort zu kommen, wenn ein angeleinter Artgenosse entgegenkommt. Dieses »Pflichtprogramm« dient aber nicht nur dazu, entspannt alle möglichen Situationen zu meistern und Konflikte gar nicht erst entstehen zu lassen. Dem Hund Basics beizubringen ist auch eine Form der mentalen Beschäftigung und tut ihm sehr gut. Außerdem fördert das Training den Zusammenhalt. Man schlägt also gleich mehrere Fliegen mit einer Klappe.

CLICKERN FÜR DIE BASICS

Den Clicker verbinden viele mit Kunststücken und Ähnlichem. Aber auch die Basics lassen sich mit ihm perfekt trainieren. Beginnen kann man bereits im Welpenalter, aber auch mit einem älteren Vierbeiner können Sie noch ins Clickern einsteigen. Wurde der Hund vorher bereits anders trainiert, dauert es eventuell nur etwas länger, bis er sich ganz darauf einlässt. Da man den Hund beim Clickertraining überwiegend selbst herausfinden lässt, was ihm die Belohnung bringt, ist in der Regel immer mehr Geduld und Zeit nötig als bei anderen Trainingsmethoden. Voraussetzung für ein erfolgreiches Training ist immer, dass der Hund die Bedeutung des Clickers verinnerlicht hat. Beginnen Sie also mit einer einfachen Übung und bauen Sie jede Übung einzeln auf. Führt der Hund sie nach entsprechenden Wiederholungen mindestens acht von zehn Mal ohne zu zögern aus, wenn Sie es sagen, hat er sie gelernt. Bravo! Kennt der Vierbeiner eine Übung samt dem dazugehörigen Signal, etwa »Schau« (→ Seite 38), und Sie möchten nur noch die Dauer erhöhen, können Sie in einer anderen Trainingseinheit mit einer neuen Übung beginnen.

DIE WICHTIGSTEN ÜBUNGEN FÜR JEDEN TAG

Alle wichtigen Grundgehorsamsübungen lassen sich perfekt mit dem Clicker trainieren. Denken Sie dabei aber immer an den folgerichtigen Aufbau (→ Seite 26/27):

- → In einer Umgebung mit möglichst wenig Ablenkung auf das erwünschte Verhalten warten.
- → Clicken, sobald der Hund das gewünschte Verhaltensmuster bzw. auch nur den Ansatz dazu zeigt.
- → Das Signal einführen.
- → Über mehrere Trainingseinheiten hinweg jedes Mal clicken, den Clicker dann allmählich variabler und nur noch bei besonderen Leistungen einsetzen.
- → Im letzten Schritt den vierbeinigen Schüler nur noch bestärken, wenn er die Übung auf Ihre Aufforderung hin ausführt – und auch hier sollte variabel und nicht regelmäßig geclickt werden.
- → Die Anforderungen sukzessive steigern und auch in anderer, weniger vertrauter oder unbekannter Umgebung trainieren.

Wenn Ihr Hund die nun folgenden acht wichtigsten Gehorsamsübungen kennt und beherrscht, läuft im Alltag alles ohne Probleme und Missverständnisse. Jede Übung sollte sorgfältig trainiert werden. Geduld und regelmäßige Wiederholung sind auch hier die Garanten für eine erfolgreiche und stabile Ausbildung.

Gut zu wissen

In Verbindung mit dem Clickertraining haben Sie vielleicht schon den Ausdruck »Shaping« gehört. Beim Shaping wird eine Übung in kleinste Schritte zerlegt, und der Hund findet durch Versuch und Irrtum heraus, was das Ziel ist. Eine Hilfe gibt es nicht. Ein Beispiel: Der Hund soll lernen, einen Gegenstand anzustupsen, der im Raum liegt. Er wird nun nicht darauf aufmerksam gemacht. Stattdessen wird jedes kleinste selbstständig gezeigte Verhalten in Richtung des Gegenstands, wie etwa ein Blick, bestätigt. Dann vielleicht eine Körperbewegung in die Richtung, dann ein kleiner Schritt usw. Hier ist ganz exaktes Timing gefragt und ein Vierbeiner, der gern und länger ausprobiert.

SCHAU

Ziel der Übung ist der Blickkontakt, den der Hund auf Ihr Signal hin zu Ihnen aufnimmt. Dass der Hund Sie anschaut, ist eine relativ einfache Übung für den Einstieg. Außerdem lernt der Vierbeiner dadurch, dass es sich lohnt, sich auf Sie zu konzentrieren. Etwa, bevor er nach dem Ableinen losstarten darf. Später soll dann auch Blickkontakt bei Ablenkungsreizen hergestellt werden, etwa in der Gegenwart anderer Hunde oder von Joggern oder Radfahrern. Es ist dabei zweitrangig, ob Ihr Hund sitzt, steht oder liegt.

So klappt es: Vielleicht schaut Ihr Hund Sie schon erwartungsvoll an, wenn er den Clicker in Ihrer Hand sieht. Das heißt dann Click und Belohnung. Stellt er den Blickkontakt nach dem Fressen des Leckerbissens sofort wieder her, folgen erneut Click und die Belohnung. Ansonsten warten Sie, bis er Sie anschaut. Ablenkung ist anfangs tabu: Üben Sie in reizarmer Umgebung, damit der Schüler sich optimal konzentrieren

Sie sind bereit, der Clicker ist in Ihrer Hand, die Leckerchen liegen in Greifnähe. Aber noch nimmt der Vierbeiner keinen Blickkontakt zu Ihnen auf.

Es ist so weit: Der Hund schaut Sie an – Click und Leckerchen. Clicken Sie die ersten Male immer genau dann, in dem sein Blick den Ihren trifft.

kann. Schaut er Sie von selbst kurz an, bestätigen Sie den etwas längeren Blickkontakt. Zeigt der Hund das zuverlässig, kommt das Signal dazu. Und sobald das ebenfalls sitzt, steigern Sie die Ablenkung.

Mögliche Hilfe: Schaut Ihr Hund Sie gar nicht an, schnalzen Sie anfangs kurz mit der Zunge – aber nur bis zum ersten Blickkontakt.

HIER

Ihr Hund soll auf Zuruf sofort und ohne Umweg zu Ihnen kommen, auch aus größerer Entfernung und unter Ablenkung.

So klappt es: Clicken Sie immer, wenn der Hund sich auf Sie zubewegt. Nach und nach clicken Sie erst, wenn er näher bei Ihnen ist, letztlich, wenn er ganz angekommen ist. Sie können ihn »beschleunigen«, indem Sie sich von ihm wegbewegen. Falls nötig, hilft zu Beginn ein kurzer Locklaut.

Belohnen Sie ihn mit einem Häppchen oder Spiel. Je schneller er kommt, desto reizvoller sollte die Belohnung sein. Reagiert er freudig und sichtbar motiviert, dann setzen Sie das Signal, während er auf Sie zuläuft. Das kann ein »Hier« sein, markanter ist aber ein Pfiff mit der Hundepfeife. Erhöhen Sie Ablenkung und Distanz nur langsam, damit der Hund den Ablauf verinnerlicht. Üben Sie daher die ersten ein bis zwei Wochen nur im Haus. Danach kann das Training nach draußen verlegt werden, zunächst am besten in den Garten.

Mögliche Hilfe: Bei einem eher unaufmerksamen Hund können Sie etwas nachhelfen: Ein Helfer hält ihn am Halsband oder an der Brust fest. Sie zeigen dem Hund einen Leckerbissen und laufen damit weg. Der Hund wird hinter Ihnen herlaufen wollen. Sobald Sie etwas weiter weg sind, lässt der Helfer ihn los. Dann drehen Sie sich zu ihm um und clicken, während er auf Sie zuläuft. Bei Ihnen angekommen, erhält er natürlich sein Häppchen.

Extratipp: Ebenfalls sinnvoll ist die Mithilfe einer zweiten Person, wenn der Hund auf Pfiff aus einer größeren Entfernung zu Ihnen kommen soll. Er verfolgt mit, wie Sie sich immer weiter von ihm entfernen, kann aber nicht hinterher, weil er festgehalten wird. In dieser Situation wird der »erlösende« Pfiff dann zum Highlight und prägt sich ihm deswegen optimal ein.

SITZ

Sitzen ist eine der einfachsten Übungen. Ziel ist es, dass sich der Hund sofort hinsetzt und für ein paar Minuten ruhig bei Ihnen sitzen bleibt.

So klappt es: Sie haben schon halb gewonnen, wenn Ihr Vierbeiner sich aus freien Stücken und voller Erwartung setzt, sobald er den Clicker in Ihrer Hand sieht. Jetzt einfach clicken und den Schüler belohnen. Werfen Sie den Leckerbissen am besten ein paar Meter entfernt auf die Erde, damit der Hund erst einmal aufstehen muss. Danach kann er sich wieder von Neuem setzen. Zeigt sich Ihr Hund eher etwas zögerlich, clicken Sie jedes Mal, sobald er auch nur die Tendenz zum Hinsetzen zeigt, sich also sein Hinterteil in Richtung Boden bewegt. Bei jedem Click wird es weiter nach unten wandern. Bestärken Sie auch den kleinsten Fortschritt! Bietet der Vierbeiner das Sitzen dagegen gezielt an, erhöhen Sie zunächst die Sitzdauer, dann die Ablenkung. Das Lautsignal heißt »Sitz«, zusätzlich kann die erhobene Hand als Sichtzeichen dienen.

Mögliche Hilfe: Kommt der Hund nicht darauf, sich zu setzen, lockt anfangs ein Leckerbissen. Halten Sie die Belohnung knapp über seinen Kopf und ignorieren Sie es, falls er bellt, aufsteht oder nach dem Häppchen springt. Die Hand bleibt dabei in der gleichen Position und wird nur geschlossen, damit er den Happen nicht erwischt. Irgendwann setzt er sich. Dann folgen Click und Belohnungshäppchen.

Gut zu wissen

Sie wollen den Grundgehorsam bei Ihrem Hund lieber auf der Basis von Leckerchen und ohne Clicker üben, oder Ihr Vierbeiner hat die Übungen bereits mit Leckerchen gelernt? Alles kein Problem. Sie können ihn trotzdem auch auf den Clicker konditionieren und den Click dann nur bei Kunststücken oder komplexen Übungen einsetzen. Ein paar Anregungen finden Sie ab Seite 62.

PLATZ

Platz machen und in dieser Position auch für einen längeren Zeitraum und unter Ablenkung zu bleiben, bietet im täglichen Umgang mit dem Hund zahlreiche Vorteile – etwa im Restaurant, wo Ihr vierbeiniger Begleiter entspannt und bequem am oder unter dem Tisch liegen soll.

So klappt es: Wählen Sie für die ersten Trainingseinheiten die Zeit nach einem langen Spaziergang oder einer wilden Spiel- und Sportsession. Der Hund ist dann ausgepowert und müde und legt sich gern hin. Gehen Sie mit ihm in ein ruhiges Zimmer, warten Sie, bis er von sich aus Platz macht – Click und Happen. Werfen Sie den Leckerbissen auch bei dieser Übung etwas weiter weg, um den Hund zum Aufstehen zu veranlassen. Macht er danach wieder Platz, läuft es wie gehabt: Click und Happen. Sobald er das Wunschverhalten zuverlässig zeigt, dehnt man die Zeitspanne bis

ANSATZ BELOHNEN Dieser Vierbeiner hat schon Verschiedenes ausprobiert, aber nichts, was in Richtung Sitzen ging. Nun aber bewegt er sein Hinterteil ein Stück nach unten. Das ist jetzt der richtige Augenblick für den Click. Der Hund wird so bald darauf kommen, was man meint. Bleibt der Click jedoch aus, sinkt die Wahrscheinlichkeit für einen erneuten Ansatz in die richtige Richtung. Beobachten Sie Ihren Hund deswegen immer gut, damit Sie im optimalen Moment clicken können.

TIMING Der Hund soll Blickkontakt halten. Er schaut sein Frauchen aufmerksam an. Da dieser Moment anfangs recht kurz sein kann, heißt es gut beobachten und rechtzeitig reagieren. Schon ein wenig Verzögerung reicht, und man bestärkt das Wegschauen, also genau das Gegenteil von dem, was man wollte. Kommt der Click dagegen im richtigen Moment, hält der Hund in Erwartung des Geräuschs bald längeren Blickkontakt.

ZIEL ERREICHT So sieht perfektes Bei-Fuß-Gehen aus. Der Hund bleibt eng an der Seite seines Menschen und zeigt volle Aufmerksamkeit. Das ist einen Click samt Jackpot wert!

zum Click allmählich aus, damit er immer länger im Platz bleibt. Und dann wieder: Signal einführen, Übungsumgebung wechseln und Ablenkung verstärken. Sinnvoll ist »Platz« in Kombination mit einer nach unten gerichteten Handbewegung.

Mögliche Hilfe: Ihr Energiebündel wird nie wirklich müde? Oder dauert es eine Ewigkeit, bis der Hund sich hinlegt? Dann nehmen Sie zunächst ein Leckerchen zu Hilfe. Setzt er sich freiwillig neben Sie, dann halten Sie ihm den Leckerbissen vor die Nase und führen ihn langsam direkt nach unten. Bitte nicht schräg nach vorn, weil der Hund dabei aufsteht. So aber folgt er dem Happen mit den Augen und legt sich ganz automatisch hin – Click und Belohnung.

Extratipp: Die Hand mit dem Häppchen unter einen niedrigen Tisch oder Ihr angewinkeltes Bein halten. Der Hund kann den Leckerbissen nur erreichen, wenn er sich hinlegt.

BLEIB

Bei Übungsbeginn sollte Ihr Hund schon in der Lage sein, auch über eine längere Zeitspanne hinweg ruhig neben Ihnen zu sitzen oder zu liegen (→ Seite 40). Jetzt können Sie ihn daran gewöhnen, in dieser Position zu bleiben, selbst wenn Sie sich von ihm entfernen. Übungsziel: An der Stelle bleiben, bis Sie zurückkehren. Der Hund soll entspannt auf Sie warten. Daher ist es für längere Zeit bequemer, wenn er dabei liegt. Klappt das »Bleib« gut, können Sie Ihren Vierbeiner aus dem Sitz ab- und zu sich rufen. Niemals aber aus dem Platz abrufen, da er später auch unter Ablenkung oder wenn Sie aus seinem Blickfeld verschwunden sind, zuverlässig und entspannt liegen bleiben soll.

So klappt es: Lassen Sie den Hund neben sich Platz machen. Stellen Sie sich für einige Sekunden etwa 20 Zentimeter entfernt frontal vor ihn und gehen Sie dann wieder an seine Seite zurück – Click. Vergrößern Sie erst mal nur die Zeitspanne, später dann auch die Distanz zum Hund. Sobald Sie sich für zwei bis drei Minuten mehrere Meter von ihm entfernen können, gehen Sie parallel zum Hund hin und her, bis allmählich ein immer größerer Bogen daraus wird. Eines Tages verstecken Sie sich dabei hinter einem Baum oder Busch, zuerst nur kurz, dann immer länger. Das Signal »Bleib« erfolgt unmittelbar, bevor Sie weggehen. Als Sichtzeichen können Sie Ihre Handfläche kurz vor das Gesicht des Hundes halten. Beim sitzenden Hund übt man mit geringerer Dauer und Entfernung.

Mögliche Hilfe: Fällt die Übung schwer, üben Sie, wenn der Hund eher etwas müde ist, und beginnen mit dem einfacheren Bleiben im Sitzen.

STEH

Bleibt der Hund ruhig stehen, ist das nicht nur beim Anleinen oder beim Tierarzt praktisch.

So klappt es: Gibt es eine Situation, in der Ihr Hund für kurze Zeit ruhig stehen bleibt? Super: Click und Belohnung! Sitzt oder liegt er, geht man einige Schritte rückwärts, um ihn zum Aufstehen zu motivieren, aber nicht zum Nachlaufen. Und wieder clicken und belohnen. Bestätigen Sie längeres ruhiges Stehen später unter Ablenkung und in fremder Umgebung. Üben Sie dabei auch, dass sich der Hund abtasten lässt.

Mögliche Hilfe: Ist Ihrem Vierbeiner diese Übung zu schwer? Setzt er sich etwa immer wieder, oder erwischen Sie den richtigen Moment nicht, weil er zu lebhaft ist? Dann nehmen Sie zunächst ein Leckerchen zu Hilfe. Führen Sie es waagerecht nach vorne, sodass er aufsteht. Steht er, halten Sie die Hand ruhig – Click. Achtung, führen Sie den Happen nicht nach oben, sonst setzt der Hund sich hin. Um das Stehen zusätzlich zu unterstützen, können Sie eine Hand an den Bauch des Hundes legen.

BEI FUSS

Der Hund soll an lockerer Leine dicht neben Ihnen laufen, entweder an Ihrer linken oder Ihrer rechten Seite. Wünschenswert ist, dass er dabei immer wieder Blickkontakt hält.

So klappt es: Geübt wird mit lockerer oder ohne Leine. »Schau« (→ Seite 38) ist als Vorübung ideal, natürlich mit Belohnung. Dann gehen Sie zügig los, eventuell mit kurzem Locklaut. Folgt der Hund Ihnen – Click und Belohnung, auch wenn er noch hinter Ihnen ist. Gehen Sie erneut los. Jetzt aber erst clicken, wenn er näher gekommen ist und schließlich, nachdem er sie eingeholt hat. Anfangs ist es okay, wenn er nur für ein paar Schritte neben Ihnen bleibt. Vergrößern Sie die Laufstrecke allmählich. Bei flotterem Tempo klappt es am besten. Testen Sie später, ob Ihr Hund auch bei Schlangenlinien und bei einer »8« an Ihrer Seite bleibt. Führen Sie jetzt das Signal »Fuß« ein. Trainieren Sie auf wechselndem Untergrund und an Hindernissen wie umgefallenen Baumstämmen oder Treppen und auch unter Ablenkung (Radfahrer, Jogger). Ihr Hund ist der perfekte Begleiter, wenn er Sie dabei immer wieder anschaut.

Richtiges Gehen an lockerer Leine wird mit einem Click belohnt, ungeduldiges Zerren nicht.

Mögliche Hilfe: Eine Alternative ist das Training mit dem Targetstick (→ Seite 48). Wer es einfacher mag, nimmt zum Losgehen ein Häppchen in die Hand und lässt den Hund neben sich die ersten Schritte daran lecken oder knabbern. Clickern Sie nun die richtige Position, und es gibt den Happen. Lassen Sie den Happen dann wieder weg.

»LANGSAM«

Auch wenn er angeleint ist, muss der Hund nicht immer exakt bei Fuß laufen. Aber an der Leine zerren soll er natürlich auch nicht.

So klappt es: Clicken und belohnen Sie, wenn Ihr Hund zufällig ein kleines Stück an lockerer Leine läuft. Zerrt er an der Leine, stoppen Sie so lange, bis sie nicht mehr gespannt ist. Signalisieren Sie ihm die drohende Zwangspause, indem Sie ihn mit »No« oder »Stopp« vorwarnen. Beim Zerren an der Leine darf er nie Erfolg haben, auch nicht wenige Schritte. Verknüpfen Sie das Laufen an der lockeren Leine mit einem ruhigen »Langsam« und erhöhen Sie nach und nach Dauer und Ablenkung. Will Ihr Hund irgendwo schnüffeln, darf er Sie nicht dorthin zerren. Bleibt die Leine aber locker, folgt der Click, und statt des Leckerbissens gibt es die Schnüffelerlaubnis. Die Strategie gilt auch, wenn der Hund unterwegs Bekannte begrüßen möchte. Belohnen Sie variabel, indem er manchmal dorthin darf, wohin er möchte, manchmal nicht – trotz lockerer Leine. Gehen Sie dann einfach weiter.

Mögliche Hilfe: Besonders leicht läuft das Training, wenn Ihr Hund ausgepowert ist und Sie mit ihm in einer reizarmen Umgebung üben.

Gut zu wissen

Neben dem Clicker kann man besondere Highlights auch mit anderen sekundären Verstärkern verknüpfen. Liebt Ihr Hund z. B. zwar Futter, seinen Ball zu »jagen« und zu bringen toppt das aber noch? Dann überlegen Sie sich ein gut betontes Signal (Markerwort), mit dem Sie den fliegenden Ball verknüpfen. Machen Sie es wie bei der Konditionierung auf den Clicker: Sagen Sie z. B. »Suuupi« und werfen Sie dann den Ball. Diese Belohnung können Sie gezielt einsetzen, wenn Ihr Hund eine für ihn besonders reizvolle Ablenkung wahrgenommen hat, etwa ein Reh am Waldrand. Sie rufen »Sitz«, und er setzt sich. Nun kommt Ihr »Suuupi«, und er weiß sofort, dass gleich »sein« Ball fliegt – weg vom Reh, versteht sich.

DIE RICHTIGEN SIGNALE

Suchen Sie Ihre Hörzeichen sorgfältig aus. Verwenden Sie eindeutige Worte und Handzeichen, die sich klar voneinander unterscheiden und die Sie in keinem anderen Zusammenhang verwenden.
Tonfall: Die Begriffe sollten im täglichen Sprachgebrauch nicht vorkommen, sonst besteht die Gefahr, dass der Hund sie nicht klar zuordnen kann. Achten Sie auf gute Betonung, damit sie sich vom Tonfall des normalen Redeflusses unterscheiden.
Nicht überfordern: Passen Sie Übungsdauer und Schwierigkeit Ihrem Hund an. Youngsters können sich nur kurz konzentrieren, erwachsene Routiniers länger. Kürzere Einheiten sind generell besser.
Trainingszeit: Übungen und Tricks, an denen Sie noch arbeiten, trainieren Sie am besten zeitlich getrennt, z. B. zu verschiedenen Tageszeiten. Das gilt besonders für Übungen, die sich in Aufbau und Anforderung ähneln. Was der Vierbeiner gut kann, können Sie natürlich immer und überall abrufen.

GANZ ENTSPANNT
Click und Belohnung, wenn die Leine locker ist – ungeduldiges Zerren bringt dagegen nichts. So macht jeder Spaziergang gleich doppelt so viel Spaß.

Das nächste Level

Mittlerweile sind Sie durch die Theorie und Übungen ohne Hund gut mit dem Prinzip des Clickertrainings vertraut. Nun geht es an die zahlreichen Möglichkeiten, den Vierbeiner damit jenseits der Basics sinnvoll zu beschäftigen.

FREUDE AM TRAINING

Im folgenden Kapitel finden Sie eine Reihe von Beispielen für Übungen. Manche davon sind einfach nur eine Art Kunststück, andere kann man auch im Alltag gut gebrauchen. Bei der Wahl der Übung ist es, vor allem für vierbeinige Anfänger, günstig, wenn der Hund schon ein Verhalten in der Richtung zeigt. Würde es Ihnen beispielsweise gefallen, dass er etwas apportiert, ist dies einfacher, wenn er sich grundsätzlich für Objekte interessiert oder sogar sein Spielzeug gern umherträgt. Schwieriger wird es, wenn er keinerlei Interesse an Objekten hat und keine Anstalten macht, etwas zu tragen. Suchen Sie daher am besten solche Übungen aus, die Ihnen beiden Spaß machen. Denn im Vordergrund steht beim Clickertraining die Freude am gemeinsamen Tun. Auch die körperlichen Anforderungen einer Übung sollten daher passen. So ist etwa Männchenmachen für große, schwere oder kurzbeinige Hunde schwierig.

TARGETSTICKS

In Verbindung mit dem Clickertraining haben Sie vielleicht auch schon vom sogenannten Targetstick gehört (»Target« heißt »Ziel«). Der Targetstick ist eine Art Zeigestab zum Ausziehen, an dessen Ende eine kleine Kugel befestigt ist. Ziel ist es zunächst, dass der Hund diese Kugel, das Target, mit der Nase berührt. Der Einsatz eines Targetsticks ermöglicht sehr viele Übungen und eignet sich für jeden Hund. Auch bei den nötigen Pflegehandgriffen (»Medical Care«) kann er helfen. Grundsätzlich können auch andere Objekte »Targets« sein, etwa Ihre Handfläche.

Praktisches Set: Targetsticks gibt es in unterschiedlichen Ausführungen. Häufig gibt es sie gleich im Set mit einem Clicker. Das ist praktisch, denn man kann beides in einer Hand halten und optimal clickern, während die andere Hand frei ist für die Happen. Mehr erfahren Sie auf den folgenden Seiten.

ÜBUNGEN MIT DEM TARGETSTICK

Übungen mit dem Targetstick (oder einem Target anderer Art) lassen sich sehr gut individuell an den Hund anpassen. Es lässt sich damit Ruhe genauso üben wie »Action«. So können auch ältere oder gesundheitlich eingeschränkte Vierbeiner mental beschäftigt werden. Bei vielen Übungen ist der Stick zudem eine äußerst nützliche Einstiegshilfe.

TOUCH

Sie sind mit dem Hund in einem ruhigen Raum, haben die Leckerchen bereitgestellt und halten den Clicker und den Targetstick in einer Hand. Wer ein anderes Target nehmen möchte, etwa eine Fliegenklatsche oder aber die Handfläche, tut sich eventuell mit einem vorher konditionierten Markerwort leichter, weil man dann eine Hand für die Leckerchen frei hat. Es kann losgehen!

So klappt es: Halten Sie die Spitze des Targetsticks vor das Gesicht Ihres Hundes. Warten Sie so lange, bis der Hund sie zufällig mit der Nase berührt oder bewusst daran schnüffelt. Sein Interesse können Sie auch wecken, indem Sie die Spitze leicht hin und her bewegen. Die Nase des Hundes sollten Sie dabei aber möglichst nicht aktiv berühren. Stupst Ihr Schüler die Targetspitze an, folgen der Click und die Verstärkung durch den Leckerbissen. Meist dauert es nicht lange, bis Ihr Hund die Spitze bewusst anstupst. Beginnen Sie jetzt damit, den Targetstick in unterschiedlichen Positionen zu halten. Zunächst etwas seitlich von Ihrem Körper auf der Höhe der Hundenase, sodass der Vierbeiner einige Schritte zum Targetstick gehen muss. Da man diesen ausziehen kann, lässt sich die Distanz

Wenn der Hund an der Stickspitze schnuppert, gibt es einen Click. Hat er das gelernt, können Sie die Position des Sticks in Ihrer Hand verändern.

Folgt die Hundenase dem Stick in jeder Position, stecken Sie diesen ein Stück entfernt in die Erde. Geclickt wird, wenn der Hund die Spitze berührt.

sehr leicht variieren. Läuft der Hund zuverlässig und gezielt zum Targetstick – ganz gleich, ob Sie diesen rechts oder links vor sich oder hinter sich halten –, können Sie die Targetspitze auch tiefer halten. Je nach seiner Körpergröße muss der Hund sich unter Umständen sogar hinlegen, um die Spitze berühren zu können. Sie können auch versuchen, den Targetstick so hoch zu halten, dass der Hund kurz auf den Hinterbeinen steht, um ihn anzustupsen.
Wechseln Sie wie bei anderen Übungen nach einiger Zeit die Umgebung und führen Sie als Lautsignal »Touch« ein (→ links). Der Click kommt immer dann, wenn der Hund den Targetstick berührt. Nach dem Click wird Ihr Hund zurückkommen, um sich seine Belohnung zu holen.

Mögliche Hilfe: Zeigt der Vierbeiner nur wenig oder gar kein Interesse am Targetstick, nehmen Sie ein Stückchen Wurst in die Hand und reiben danach mit der Hand die Spitze ein (oder Sie geben direkt etwas Streichwurst auf die Spitze).

Variation: Clicken Sie, wenn Ihr Hund mit der Nase immer länger an der Spitze des Targetsticks bleibt. Eine andauernde Berührung macht es z. B. leichter, kleine Hunde beim Bei-Fuß-Gehen in der richtigen Position zu halten. Stürmische und vorsichtige Hunde lassen sich damit gleichermaßen gut über und durch Hindernisse leiten, z. B. über einen liegenden Baumstamm beim Spaziergang oder eine Hürde im Hundesport.

DURCH DIE BEINE LAUFEN

Der Targetstick ist auch das ideale Hilfsmittel, um einem Hund ohne viel Mühe beizubringen, wie er in einer Acht durch die Beine des Menschen läuft.

Dieser Hund kennt »Touch«. Mit der Nase an der Stickspitze lässt er sich mühelos durch die Beine führen und bekommt einen Click dafür.

So klappt es: Führen Sie den Targetstick wie eine »8« um Ihre Beine. Der Hund folgt dem Stick, der Click kommt dann, wenn die »8« fertig ist. Hat Ihr Hund die Übung verstanden, setzen Sie den Click erst nach der zweiten »8« oder noch später.

Mögliche Hilfe: Lassen Sie ihn einen Kreis um ein Bein laufen, wenn die »8« anfangs zu viel ist. Klappt es, kommt der Lauf ums zweite Bein dazu.

Variation: Machen Sie einen größeren Schritt nach vorn und leiten Sie den Hund mit dem Stick zwischen den Beinen hindurch. Beim nächsten Schritt wird er wieder um das Bein herum durch die Beine geleitet. So geht es weiter, bis Ihr Hund im Slalom um Ihre Beine läuft.

VORAN

Wollen Sie Ihren Hund in eine bestimmte Richtung schicken? Sobald er »Touch« (→ Seite 48) aus dem Effeff beherrscht, können Sie auch das üben.

So klappt es: Stecken Sie den Targetstick in die Erde. Zu Übungsbeginn nicht weiter als einen bis zwei Meter von Ihnen entfernt, später aber immer weiter weg. Zeigen Sie Ihrem Vierbeiner mit ausgestrecktem Arm die gewünschte Richtung an, damit er sich von Anfang an auch an diesem Körpersignal orientiert. Führen Sie als Lautsignal »Voran« oder »Voraus« ein. Gestalten Sie die Laufstrecke zum Targetstick am besten etwas abwechslungsreich, indem der Hund z. B. über einen Baumstamm springen oder einen kleinen Bach durchqueren muss. Der Weg zum Ziel darf auch durch eine Hecke oder ein Gebüsch führen. Clicken Sie, wenn er den Targetstick berührt.

Variation: Hat Ihr Vierbeiner die richtungsweisenden Handzeichen verstanden, können Sie z. B. mit mehreren gleichen Targets arbeiten. Stecken Sie zwei Targetstäbe in einem Winkel von 180 Grad in die Erde und schicken Sie den Hund zuerst zum einen voran, danach zum anderen. Je kleiner der Winkel ist, desto anspruchsvoller gestaltet sich diese Übung für den Hund.
Um den Hund nach rechts oder links zu schicken, sitzt er Ihnen zu Übungsbeginn gegenüber. Der Targetstick steckt auf seiner Höhe rechts oder links von ihm in der Erde. Jetzt strecken Sie den

Stupst der Hund den Targetstick an, berührt er automatisch den Ball. Ist das Anstupsen stark genug, kommt der Ball ins Rollen.

rechten oder linken Arm waagerecht zur Seite und schicken Ihren Schüler zum Stick. Als Lautsignal eignet sich »Rüber« oder »Rechts« und »Links« verwenden. Vergrößern Sie allmählich die Entfernung zwischen sich und Ihrem Vierbeiner und den Abstand des Hundes zum Targetstick. Beherrscht Ihr Hund jede Seite einzeln, stecken Sie rechts und links einen Targetstick in die Erde und schicken ihn auf den zuerst platzierten. Ist der Hund beim Targetstick angekommen, geben Sie das Signal »Sitz« oder »Platz«. So können Sie den Vierbeiner gezielt auf Entfernung ablegen. Diese Übung ist Teil mancher Hundeprüfungen.

Extratipp: Sobald Ihr Vierbeiner nach einiger Trainingszeit die Variationen beherrscht, ohne Zögern in die von Ihnen vorgegebene Richtung läuft und auf Entfernung »Sitz« oder »Platz« macht, lassen Sie die Stäbe weg. Bringfreudigen Hunden kann man jetzt anstelle der Stäbe einen oder mehrere Apportiergegenstände auslegen, die geholt werden dürfen. Dabei entfällt dann »Sitz« oder »Platz«, sonst wird es zu verwirrend.

EINEN BALL ROLLEN

Alle Ballspiele machen Hunden tierischen Spaß und bringen viel Abwechslung ins Hundeleben. Für das Training brauchen Sie einen großen Ball, den Ihr Hund nicht ins Maul nehmen kann. Diese Übung setzt zudem voraus, dass er das Basistraining für »Touch« (→ Seite 48) bereits beherrscht.

So klappt es: Berühren Sie den Ball mit der Spitze des Targetsticks. Ihr Hund stupst sie an und setzt so gleichzeitig auch den Ball in Bewegung. Clicken Sie jedes Mal, selbst dann, wenn er den Ball anfangs nur leicht berührt. Später sollten Sie jedoch nur noch clicken, wenn er den Ball dabei so heftig anstößt, dass der ein Stück wegrollt. Stupst er zuverlässig und fest genug gegen den Ball, lassen Sie den Targetstick weg. Stattdessen führen Sie zu diesem Zeitpunkt das Lautsignal ein, etwa »Ball« oder »Rollen«.

Variation: Beherrscht Ihr Hund die vorherige Lektion, können Sie mit ihm auch richtig Ball spielen. Werfen Sie ihm den Ball zu und geben Sie rechtzeitig das Lautsignal »Ball«. Der Hund lernt schnell, im richtigen Moment hochzuspringen und den Ball so kräftig anzustupsen, dass er in Ihre Richtung zurückfliegt. Ein Anfang ist gemacht, wenn der Ball einmal zu Ihnen zurückkommt. Später klappt es dann meist auch mehrmals hintereinander.

Extratipp: Achten Sie hier wie bei allen anderen Aktionsspielen darauf, den Hund weder körperlich noch mental zu überfordern, und legen Sie gerade bei hochsommerlichen Außentemperaturen regelmäßig Pausen zum Verschnaufen und Trinken ein.

Gut zu wissen

Wer mag, kann mehrere Targets mit anderen Körperteilen konditionieren. Eine Übung ist z. B., dass der Hund sich mit den Pfoten auf ein Balancekissen stellt. Oder dass er sein Kinn auf Ihren Oberschenkel legt. Oder dass er sich auf Ihrem Spaziergang auf bestimmte Baumstümpfe setzt. Zu denen kann er dann auf Ihr Signal auch schon hinlaufen, wenn Sie noch ein Stück entfernt sind. Es gibt viele Möglichkeiten. Wichtig ist dabei, dass jedes Target sein eigenes Signal bekommt. Nur zu viele sollten es nicht werden, um den Hund nicht zu überfordern.

CLICKERTRAINING FÜR MEDICAL CARE

Regelmäßige Pflege (Medical Care) gehört genauso zum Hundealltag wie Gassigehen. Damit das Pfotenputzen oder Ohrenreinigen nicht zum ständigen »Kampf« wird, verknüpfen Sie die Körperpflege am besten positiv für den Hund. Das geht schon mit dem Youngster. Gut ist es, wenn der Vierbeiner durch eine einfache Übung wie z. B. »Schau« (→ Seite 38) bereits mit dem Clickertraining vertraut ist.

MARKERWORT ETABLIEREN

Bei Pflegemaßnahmen braucht man in der Regel beide Hände. Deshalb ist es praktisch, statt des Clickers ein verbales Signal, also ein Markerwort, zu etablieren. Konditionieren Sie das, bevor Sie die Pflegeübungen in Angriff nehmen. Achten Sie bewusst darauf, das Markerwort beim Üben im richtigen Moment zu sagen, und »verpacken« Sie es nicht in einem Satz.

Klein beginnen: Nehmen Sie sich zuerst nur eine Körperregion vor, und zwar eine, die dem Hund am wenigsten unangenehm ist. Bei einem sensiblen Hund bleiben Sie erst mal bei dieser. Richten Sie sich nach Ihrem Vierbeiner und beobachten Sie ihn gut. Beenden Sie die Übung immer, bevor Ihr Hund Anzeichen dafür zeigt, dass ihm die Sache unangenehm wird. Üben Sie besser zwei-, dreimal täglich ganz kurz als einmal lang.

Rücksicht nehmen: Hunde sind sehr unterschiedlich. Manchen macht es nichts aus, wenn man die Pfote gleich in die Hand nimmt oder die Ohrmuschel hält, andere wieder sind da sehr empfindlich und halten lediglich ein kurzes Antippen aus. Berühren Sie daher die Pfote oder etwa das Ohr in der Art und Weise, wie der Vierbeiner es duldet. Nicht zu lang, aber auch nicht zu kurz. Machen Sie dasselbe beim Fell und in dem Bereich um die Augen. Auch die Schnauze ist irgendwann dran, dann legen Sie die Hand auf den Nasenrücken des Hundes. Bestätigen Sie jede gelungene Berührung. Allmählich verlängern Sie die Dauer, die Ihre Hand an Ort und Stelle bleibt. Vor allem bei empfindlichen Hunden ist hier viel Geduld gefragt. Nehmen Sie sich die nötige Zeit.

Berührungen ausbauen: Klappt das, nehmen Sie die Pfote in die Hand oder halten die Ohrmuschel – jedes Mal etwas länger. Eventuell können Sie Pfote oder Ohrmuschel in der Hand sogar schon etwas bewegen. Suchen Sie etwas länger eine imaginäre Zecke an einer Stelle im Fell oder bürsten Sie Ihren Hund länger. Ziehen Sie ein Augenlid kurz etwas nach unten oder heben Sie eine Lefze etwas an. Wieder zuerst kürzer, dann immer länger. Und nicht vergessen: Jedes Mal bestätigen und belohnen!

Untersuchen: Bleibt der Vierbeiner entspannt, steigern Sie langsam die Intensität. Kontrollieren Sie etwa die Zehenzwischenräume oder wischen

Gut zu wissen

Auch mit einem Target lassen sich Berührungen trainieren. Dazu lernt der Hund zuerst z. B., längere Zeit mit der Schnauze Kontakt zur Handfläche seines Menschen oder zum Targetstick zu halten. Ist das gefestigt, kommen währenddessen Berührungen dazu. Die Konzentration auf den Kontakt zum Target lenkt den Vierbeiner von Außenreizen oder auch von Berührungen ab. Außerdem bleibt er dabei ruhig an einer Stelle.

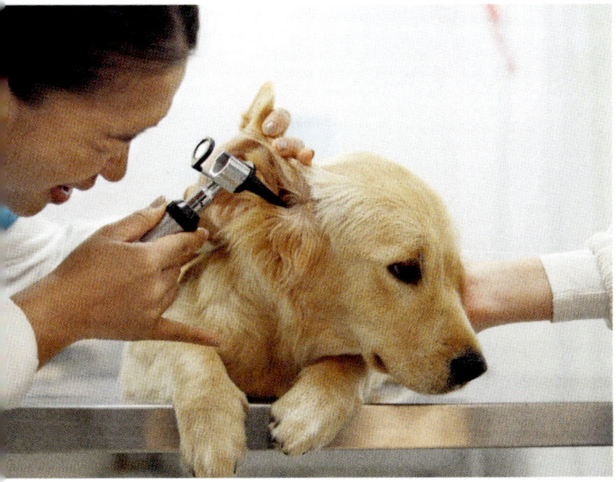

Ist ein Hund an Körperpflegerituale gewöhnt, bleibt er beim Tierarzt viel entspannter.

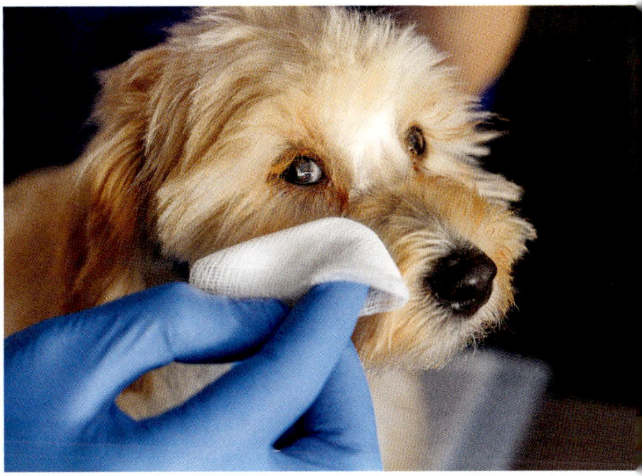

Auch die Anwendung von Ohren- oder Augentropfen zu Hause wird wesentlich stressfreier.

Sie die Ohrmuschel kurz aus. »Nesteln« Sie länger an einer Stelle im Fell oder bürsten Sie es kurz und ohne Ziepen. Bleiben Sie länger am Augenlid oder ziehen Sie die Lefze länger nach oben, um die Zähne zu sehen.

Belohnungsintervall ausdehnen: Angenommen, Ihr Vierbeiner lässt sich jetzt problemlos die Pfote untersuchen und das Ohr reinigen. Dann kann Ihr Markerwort auch erst nach beiden Pflegehandgriffen kommen. Dazu gibt es nun mehrere Happen auf einmal.

SIGNAL EINFÜHREN

Ist der Hund so weit, dass Sie einen Bereich intensiv genug »behandeln« können und er dabei entspannt bleibt, ist es Zeit für das dazugehörige Hörzeichen. Am besten geben Sie jedem Körperbereich ein eigenes, dann weiß Ihr Vierbeiner, was kommt. Das kann »Pfote«, »Ohren« usw. sein. Betonen Sie die Hörzeichen gut, damit sie sich vom übrigen Sprachfluss unterscheiden. Also z. B. »Oooohren«.

ZWEITE PERSON

Die Pflegerituale gehören mittlerweile zum Alltag, und Ihr Hund ist dabei völlig relaxt? Das ist der richtige Zeitpunkt, eine andere Person einzubinden – zunächst jemanden, den der Hund kennt und mag. Während Sie dabeistehen, bürstet der andere den Hund oder kontrolliert die Ohren. Sie bestätigen und belohnen den Hund wie gewohnt.

Entspannterer Tierarztbesuch: Sind die Handgriffe bei der Pflege – auch durch andere Menschen – für den Hund normal und hat er sie positiv verknüpft, ist das für Tierarztbesuche eine große Hilfe. Stellen Sie sich vor, Ihr Hund hat sich eine Ohrenentzündung eingefangen, die auch noch wehtut. Im Behandlungsraum kommt Ihr »Ohrenhörzeichen«, und der Tierarzt kann die Entzündung behandeln. So wird das für Ihren Vierbeiner wesentlich weniger unangenehm sein, als wenn er nicht an die Pflege gewohnt ist. Nach der Behandlung gibt es natürlich die verdiente Belohnung, etwa in Form eines besonders leckeren Häppchens!

EIN KORREKTURSIGNAL VERWENDEN

Bei manchen Übungen hat der Hund die Wahl zwischen verschiedenen Möglichkeiten, sie auszuführen. Aber nur eine davon führt zum Ziel – dem Click und der Belohnung. Um die Motivation zum Ausprobieren zu erhalten, können Sie ein entsprechendes Signal etablieren.

WAS DIESES SIGNAL GENAU IST

Sie kennen sicher das Spiel »Topfschlagen«, bei dem Kinder mit verbundenen Augen einen Topf am Boden finden müssen und dann, wenn sie ihn schließlich gefunden haben, mit einem Kochlöffel laut daraufschlagen dürfen. Bei der Suche gibt es Unterstützung, indem man »warm« oder »heiß« sagt, wenn das Kind sich dem Topf nähert. Ist es dagegen in der falschen Richtung unterwegs, heißt es »kalt«. »Kalt« ist auch der Sinn des Korrektursignals. Es soll den Hund dazu ermutigen, etwas anderes zu probieren, um ans Ziel – sprich die Belohnung – zu kommen.

Voraussetzung: Ein Korrektursignal sollten Sie erst dann einführen, wenn Ihr Vierbeiner mit dem Clicker bereits sehr vertraut ist und genau weiß, dass er durch Ausprobieren ans Ziel kommt. Im besten Fall beherrscht er schon einige Clickerübungen gut. Sie selbst sollten im Umgang mit

Wenn ein Hund das Prinzip Clickern kennt, kann ein Korrekturwort ihm helfen, sich bei der Ausführung einer Übung richtig zu entscheiden und so schneller ans Ziel, sprich die Belohnung zu kommen.

dem Clicker ebenfalls bereits routiniert sein. Denn das optimale Timing ist hier wesentlich.

NEUTRALER TONFALL

Für das Signal verwenden Sie beispielsweise »Schade«, »Kalt« oder auch was Ihnen sonst einfällt. Ihr Vierbeiner versteht ja nicht den Sinn eines Wortes, sondern verbindet die Bedeutung mit der Situation. Wichtig ist jedoch ein neutraler Tonfall. Das Korrektursignal ist kein Tadel oder Verbot, das dem Hund sagen soll, dass er etwas nicht darf. »Schade« oder Ähnliches sagt ihm lediglich, dass er mit dem, was er gerade macht, nicht ans Ziel kommt – aber dann, wenn er etwas anderes probiert.

SO FÜHREN SIE ES EIN

Ihr Vierbeiner hat schon herausgefunden, dass es einen Click gibt, wenn er einen bestimmten Gegenstand bringt, einen Ball rollt oder zu einem in die Erde gesteckten Targetstick läuft. Nun legen Sie zusätzlich einen weiteren Gegenstand oder Ball aus oder stecken einen weiteren Stick in die Erde und warten ab. Das bekannte und das neue Objekt sollten weit genug auseinander sein, damit der Hund die Richtungen dorthin eindeutig unterscheiden und somit bei »Schade« genau erkennen kann, was ihn nicht ans Ziel bringt. Er läuft nun wahrscheinlich zum neuen Gegenstand. Sobald er sich in dessen Richtung bewegt, sagen Sie Ihr »Schade«. Sobald er wieder ein Verhalten zeigt, durch das er sich in die richtige Richtung orientiert, clicken Sie sofort und belohnen ihn. Dabei heißt es wieder ganz genau beobachten, damit Sie den richtigen Augenblick auf jeden Fall erwischen. Nur dann kann Ihr Vierbeiner Ihre Signale richtig einordnen und verstehen, was Sie mit »Schade« meinen.

Hat der Hund die Bedeutung verstanden, können Sie es auch bei neuen Übungen einsetzen: Man wartet nicht auf Verhalten in die richtige Richtung und ignoriert »Fehlversuche«, sondern kommentiert Letztere mit dem Korrektursignal. Reagiert Ihr Hund bei bekannten Übungen nicht richtig auf Ihr Hörzeichen, können Sie »Schade« auch einsetzen.

BITTE BEACHTEN

Ein »Schade«-Signal ersetzt nicht den kleinschrittigen Aufbau und sollte daher im Training nicht die Regel sein. Letztlich ist es eine Form der negativen Strafe, da es das Ausbleiben einer Belohnung ankündigt. Das birgt ein Risiko: Besonders bei sensiblen Hunden oder solchen, deren Eifer zum Ausprobieren sowieso nicht sehr groß ist, kann dieses Signal vor allem bei neuen Übungen Frust auslösen und die Motivation hemmen. Damit der Vierbeiner leichter auf die Lösung kommt, zerlegen Sie eine Übung im Zweifel besser in kleinere Schritte. So fällt es ihm leichter, das Richtige zu tun.

Gut zu wissen

Denken Sie immer an einen neutralen Tonfall, auch wenn Sie selbst vielleicht gerade frustriert sind, weil der Hund sich nicht für das erwünschte Verhalten entscheidet. Dann ist es Zeit, das Training abzubrechen, um ihn nicht weiter zu verunsichern. Für einen positiven Abschluss des Trainings machen Sie ein, zwei Clickerübungen, die er sehr gut kann. So hat er wieder Erfolg, und das erhält seine Motivation. Bei der misslungenen Übung überdenken Sie noch einmal Aufbau und Ziel. Eventuell ist Sie für Ihren Hund grundsätzlich zu schwierig.

RUND UMS APPORTIEREN

Einen Gegenstand aufzunehmen und zu tragen ist für einen Hund nichts Ungewöhnliches, vorausgesetzt, das Objekt findet sein Interesse. Sicher trägt auch Ihr Vierbeiner seinen Kauknochen oder ein Spielzeug aus freien Stücken immer wieder einmal mit sich herum. Etwas anders sieht es aber aus, wenn Sie ihn gezielt zum Apportieren auffordern. Für die folgenden Übungen sollte Ihr Hund schon Erfahrung mit dem Clicker haben.

GEGENSTAND AUFNEHMEN

Das Apportieren besteht aus mehreren Teilen. Am Anfang steht, dass der Hund den Gegenstand ins Maul nimmt. Das kann, je nach Interesse, schneller gehen oder auch etwas dauern.

So klappt es: Verwenden Sie ein Objekt, das der Hund gut nehmen kann, und legen Sie es auf den Boden. Von seiner Reaktion hängt es ab, wann Sie clicken. Zeigt er anfangs nur wenig Interesse, sollten Sie schon bei jedem seiner Blicke und jedem seiner Schritte in Richtung des Gegenstands clicken. Untersucht er das Objekt sofort, erfolgt der Click, sobald er es berührt. Beschäftigt sich der Hund intensiv mit dem Gegenstand, wird er nicht mehr bestätigt, wenn er ihn nur berührt. Er muss nun weiterprobieren, wofür es den Click gibt. Zeigt er Ansätze, die Schnauze aufzumachen: Click. Die nächste Stufe wäre das Umfassen des Objekts: Click. Nimmt er es auf: Click – und Jackpot. Bringfreudige Hunde brauchen weniger Zwischenschritte, andere mehr.

Mögliche Hilfe: Kicken Sie den Gegenstand mit dem Fuß zur Seite, wenn sich Ihr Hund am Anfang nur wenig oder gar nicht für ihn interessiert. Das erhöht den Reiz. Oder halten Sie ihm das Objekt vor die Nase und bewegen Sie es hin und her. Bestätigen Sie jede auf den Gegenstand gerichtete Aktion des Hundes. Sobald er das Objekt gezielt aus der Hand nimmt, trainieren Sie mit ihm, dass er es ab jetzt vom Boden aufnimmt. Manche Hunde zeigen mehr Interesse daran, wenn ihr Besitzer sich intensiv mit einem Gegenstand beschäftigt und ihn anschließend erst einmal wegräumt.

Gut zu wissen

Beim Apportieren ist es wichtig, dass beim Aufbau von Aufnehmen, Halten, Abgeben der jeweilige Schritt davor gut etabliert ist. Also das Aufnehmen vor dem Festhalten und das Festhalten vor dem Abgeben. Ist der Hund etwa beim Aufnehmen nicht sicher, findet er beim Halten nicht heraus, was zur Belohnung führt. Das verunsichert ihn. Ein weiterer entscheidender Faktor für das Gelingen ist das genaue Timing beim Clicken.

LÄNGER FESTHALTEN

Im nächsten Schritt geht es darum, dass der Hund den Gegenstand etwas länger festhält. So kann man ihn später in Ruhe entgegennehmen.

So klappt es: Vielleicht fragen Sie sich, wie Ihr Hund das Halten erlernen soll, wenn er seine Belohnung bekommt, nachdem er das Objekt fallen gelassen hat? Hier gibt es einen kleinen Denkfehler. Um dem Hund das Halten eines Objekts beizubringen, ist exaktes Timing beim Clicken nötig.

Der Click beendet die Übung: Er erfolgt, solange der Hund den Gegenstand im Maul hält. Erst dann lässt er los und erhält die Belohnung. Clicken Sie daher niemals, während er den Gegenstand schon fallen lässt. Anfangs reicht es, wenn der Hund das Objekt nur kurz festhält. Klappt das zuverlässig, clickt man nur noch, wenn er es länger hält, und dehnt mit zunehmender Sicherheit die Zeitspanne allmählich immer weiter aus.

Extratipp: Hält Ihr Hund den Gegenstand schon über längere Zeit hinweg fest, können Sie ihn für einige Minuten bei Fuß gehen lassen. Er versteht meist sehr schnell, das Objekt auch in der Bewegung gut festzuhalten.

GEGENSTAND ABGEBEN

Jetzt ist die Basis fast geschafft. Sie werden sehen: Die Zusammenarbeit fühlt sich durch die Abgabe des Objekts in Ihre Hand intensiver an, als wenn der Gegenstand nur vor Ihre Füße fällt.

So klappt es: Ihr Vierbeiner hält sein Apportel nun zuverlässig so lange, bis Sie clicken. Jetzt soll er es Ihnen aber nicht vor die Füße werfen, sondern in die Hand geben. Halten Sie die Hand vor dem Click unter das Objekt, sodass es in die Hand fällt. Verknüpfen Sie das Abgeben mit dem Signal »Aus« oder »Danke«, während der Hund nach dem Click loslässt. Nach einigen Trainingseinheiten hat er das Abgabesignal verknüpft. Clicken Sie jetzt nicht mehr das Halten, sondern erst, wenn er auf Ihr Signal hin das Apportel in Ihre Hand gelegt hat. Lässt er es ohne Signal fallen, gibt es keinen Click. Gehen Sie in diesem Fall einen Übungsschritt zurück, da offensichtlich das Halten noch nicht gefestigt ist. Seien Sie geduldig und verlangen Sie nicht zu viel auf einmal.

1 Der Hund weiß noch nicht genau, was er mit dem Ball tun soll. Aber er bewegt sich versuchsweise mal darauf zu. Sehr schön, dafür gibt es einen Click!

2 Dadurch hat er verstanden, dass er sich mit dem Ball beschäftigen soll. Er probiert weiter und berührt ihn jetzt – und wieder gibt es einen Click.

3 Doch das reicht jetzt nicht mehr. Also versucht er es weiter und nimmt den Ball in den Fang – Click. Ein Ziel auf dem Weg zum Apportieren ist damit erreicht.

CLICKERN VERBINDET
Korrekt ausgeführt ist das Apportieren viel mehr als nur ein Spiel. Es lastet den Hund mental und physisch aus und fördert die Zusammenarbeit.

DAS APPORTEL BRINGEN

Bisher lag der Gegenstand stets direkt bei Ihnen. Das ändert sich jetzt: Die Distanz zwischen Ihnen und dem Apportel wird größer.

So klappt es: Ihr Hund hat gelernt, sein Apportel vom Boden aufzunehmen und zu halten, bis Sie es ihn abgeben lassen. Legen Sie nun den Gegenstand etwas weiter von sich weg. Der Hund sieht dabei zu, während er sitzt oder von jemandem festgehalten wird. Sind Sie wieder zurück bei ihm, darf er los. Er wird hinlaufen und den Gegenstand aufnehmen. Bewegen Sie sich jetzt rückwärts weg und locken Sie ihn zu sich. Er wird kommen und Ihnen das Objekt in die Hand geben.
Führen Sie im nächsten Schritt das Lautsignal fürs Bringen ein, während der Hund den Gegenstand aufnimmt, z. B. »Bring« oder »Apport«. Hat er es sicher verknüpft, erfolgt das Signal, sobald Sie ihn losschicken. Wenn er die Ausgangsübungen mehrfach erfolgreich absolviert hat, können Sie die Apportierdistanz vergrößern und das Objekt immer weiter von sich weglegen. Übrigens: Diese Übung lässt sich am besten umsetzen, wenn Ihr Hund ruhig und aufmerksam neben Ihnen sitzt, bevor Sie ihn losschicken.

Extratipp: Apportiert Ihr Vierbeiner leidenschaftlich gern? Dann trainieren Sie mit ihm doch einmal mit unterschiedlichen Gegenständen. Zum Apportieren eignen sich sicher einige seiner Spielsachen, aber auch diverse Alltagsobjekte wie etwa ein kleiner Einkaufskorb, das Handy, ein Metalllöffel oder ein Schlüsselbund.

EINE KISTE AUSRÄUMEN …

Bringt der Vierbeiner gern, ist er bereit für viele Übungen aus diesem Bereich.

So klappt es: Einen Hund, der apportieren kann, stellt diese Übung kaum vor Probleme. Legen Sie ein vertrautes Apportierobjekt in eine Kiste in Ihrer Nähe. Vermutlich holt der Hund es aus eigenem Antrieb heraus, um es Ihnen zu bringen. Belohnen Sie ihn zunächst fürs Bringen. Sobald das gut klappt, legen Sie mehrere Gegenstände in die Kiste. Der Click erfolgt jetzt erst, wenn der Hund das zweite Ding bzw. das dritte oder vierte bringt. Soll Ihr Vierbeiner den Gegenstand neben der Kiste ablegen, clicken Sie bereits, während er ihn noch hält, sodass das Apportel möglichst am gewünschten Platz auf die Erde fällt, sobald er es loslässt – also clicken, wenn er beispielsweise den Kopf in eine andere Richtung wendet oder einen Schritt weggeht. Clicken Sie bereits das Verhalten, das in die richtige Richtung weist. Hat Ihr Hund das verstanden, clicken Sie ab jetzt nur noch, während er den Gegenstand neben der Kiste fallen lässt.
Klappt auch dieser Teil der Übung gut, kommt ein zweites Apportel dazu. Geclickt wird nun erst dann, wenn auch der zweite Gegenstand neben der Kiste liegt. Nimmt Ihr Hund die Objekte bei mehreren Übungseinheiten zuverlässig aus der Kiste und lässt sie dann gezielt daneben fallen,

Gut zu wissen

Wenn Sie das Aufnehmen verschiedener Gegenstände trainieren, können Sie das »Bring« mit der jeweiligen Bezeichnung verknüpfen. Der Hund lernt so, auf Wunsch einen ganz bestimmten Gegenstand herbeizubringen. Trainieren Sie diese Übung aber unbedingt getrennt für jedes einzelne Objekt, sonst kommt er durcheinander.

führen Sie das Signal »Ausräumen« ein, während er den Gegenstand aufnimmt. Nach und nach liegen mehrere Dinge in der Kiste.

Mögliche Hilfe: Interessiert sich Ihr Vierbeiner nicht sonderlich für den Gegenstand in der Kiste, ersetzen Sie das Objekt am Anfang durch einen Leckerbissen und clicken, sobald der Hund den Kopf in die Kiste steckt. Meist können Sie bereits nach einigen Trainingsdurchgängen auf den Einsatz des Leckerchens verzichten. Läuft alles wie gewünscht, legen Sie den Gegenstand hinein.

... UND WIEDER EINRÄUMEN

Auch das ist eine relativ leichte Übung, wenn Ihr Hund schon gelernt hat, einen Gegenstand aufzunehmen.

So klappt es: Stellen Sie die Kiste in Ihre Nähe und clicken Sie jede seiner Bewegungen in Richtung der Kiste, bis er schließlich wie beim Ausräumen den Kopf hineinsteckt. Mit einem kleinen Leckerbissen in der Kiste lässt sich diese Anfangsprozedur sicher wieder beschleunigen.

Hat Ihr Hund den Zweck der Übung verstanden, legen Sie ein ihm vertrautes Apportierobjekt neben die Kiste. Ein bringfreudiger Hund wird es meist schon von selbst aufnehmen. Lassen Sie ihn ausprobieren: Wendet er sich zur Kiste oder ist sein Kopf schon darüber – Click!
Hält er das Apportel gezielt über die Kiste, clicken Sie ab jetzt erst, wenn der Gegenstand in der Kiste liegt. Funktioniert auch das, geht es weiter. Jetzt kommt ein zweiter Gegenstand dazu. Legen Sie die Objekte nach und nach weiter von der Kiste weg. Schließlich vergrößern Sie auch die Entfernung zwischen sich und der Kiste. Führen Sie das Signal »Einräumen« ein, wenn Ihr Hund erkennbar mit Freude bei der Sache ist und gerne einräumt. Geben Sie das Lautsignal, während er den ersten Gegenstand aufnimmt.

Mögliche Hilfe: Stellen Sie die Kiste direkt vor sich auf, wenn Ihr Hund auf »Bring« (→ Seite 59) apportieren kann, und fordern Sie ihn auf, Ihnen sein Apportel zu bringen. Clicken Sie, sobald er den Gegenstand auf das Signal »Aus« über der Kiste fallen lässt. Nach einigen Malen lassen Sie das Signal »Aus« weg und clicken, sobald er das Objekt fallen lässt. Dann entfällt auch das »Bring«. Clicken Sie immer, wenn der Hund das Objekt selbstständig in die Kiste fallen lässt. Klappt das, platzieren Sie die Kiste an anderen Stellen. Klappt auch das, kommt das Signal »Einräumen« dazu. Wie immer räumt der Hund letztlich ein und auch aus, wenn Sie ihn mit dem Signal auffordern.

Mit Begeisterung räumt dieser Vierbeiner sein Spielzeug auf. Dass die Kiste noch direkt vor Frauchen steht, erleichtert ihm diese Übung.

FLYING PAPER
Hat ein Hund gelernt, Dinge auseinanderzuhalten und zu apportieren, hat auch sein Mensch was davon, etwa wenn er wie hier die Zeitung bringt.

KLEINE TRICKS FÜR PFOTENKÜNSTLER

Hunde setzen ihre Vorderpfoten von Natur aus als Aufforderungs- und Beschwichtigungsgeste ein. Daher fallen ihnen Pfotentricks meist sehr leicht. Probieren Sie es!

PFOTE GEBEN

Dass der Hund seine Pfote gibt, finden besonders Kinder immer wieder nett.

So klappt es: Zeigen Sie Ihrem Hund ein Futterhäppchen. Nehmen Sie es dann in die geschlossene Hand und halten Sie sie ihm hin. Eventuell versucht er zuerst, mit seiner Schnauze daranzukommen, irgendwann aber wird er dazu auch die Pfote einsetzen – und Click! Das Belohnungshäppchen nach dem Click gibt es aus der anderen Hand. Clicken Sie anfangs auch dann, wenn er seine Pfote nur ansatzweise hebt. Sobald er die Pfote gezielt auf Ihre Hand legt, kann das Leckerchen als Motivationshilfe wegbleiben. Führen Sie jetzt das Signal »Pfote« oder »Gib Pfote« ein.

Extratipp: Soll Ihr Hund die rechte Pfote in Ihre linke Hand und die linke in Ihre rechte Hand legen, können Sie die Signale »Rechts« und »Links« verwenden, damit er den Unterschied erkennt.

Perfekt beherrscht dieser Hund den spanischen Schritt. Sein Frauchen gibt ihm mit dem angewinkelten linken Arm das Signal, sein rechtes Bein zu heben.

GIVE ME FIVE

Gibt Ihr Hund Pfötchen, lernt er rasch, auch Ihre Handfläche »abzuklatschen«.

So klappt es: Gehen Sie in die Hocke und lassen Sie sich einige Male die Pfote geben. Allmählich drehen Sie Ihre Handfläche Stück für Stück, bis sie senkrecht erhoben nach vorn gerichtet ist. Bei jedem Abklatschen: Click. Sobald Ihr Hund gezielt Ihre senkrecht aufgestellte Handfläche mit seiner Pfote berührt, gibt es für diese Art »Pfote geben« ein neues Signal, z. B. »Check« oder »Five«.

SPANISCHER SCHRITT

Den spanischen Schritt kennen Sie vielleicht aus dem Pferdesport. Aber auch Hunde können ihn mit dem Clicker lernen.

So klappt es: Gut ist es, wenn Ihr Hund schon gelernt hat, Ihnen auf Ihr Signal hin die rechte Pfote in die linke Hand zu legen, die linke in Ihre rechte Hand (→ links). Jetzt soll er lernen, die Pfoten so hoch wie möglich zu heben, und zwar bei der fertigen Übung so, dass er keinen Kontakt mehr mit Ihrer Hand hat, diese aber zum Signal wird. Dazu nehmen Sie Ihre Hände allmählich immer höher, sodass der Hund auch seine Pfote immer höher heben muss, um sie in Ihre Hand zu legen. Üben Sie jede Seite gesondert. Ihr Vierbeiner kann dabei sitzen oder stehen. Das Signal »Gib Pfote« nennen Sie nur anfangs als Hilfe, dann nicht mehr. Denn letztlich soll er die Pfote nicht in Ihre Hand legen, sondern sie so hoch wie möglich nehmen. Clicken Sie also immer dann, wenn die Pfote den höchsten Punkt erreicht hat. Das kann bereits sein, bevor seine Pfote Ihre Hand erreicht.
Klappt das, nehmen Sie Ihre Hand beim Anheben allmählich zurück, sodass der Hund die Pfote hoch in die Luft hebt – Click –, ohne sie in Ihre Hand zu legen. Ihr jeweils angehobener rechter oder linker Arm wird nur noch zum Signal für die betreffende

Kann der Vierbeiner Ihnen schon die Pfote geben, ist es nur noch ein kurzer Weg zum Trick »Give me five«.

ABKLATSCHEN
Dieser Vierbeiner beherrscht den »Fliegenklatschen-Pfotentrick« und setzt souverän sein Pfötchen auf das »Target«. Natürlich gibt es dafür direkt eine leckere Belohnung.

Seite – also leicht angewinkelter rechter Arm, linke Pfote und umgekehrt. Der andere Arm bleibt hängen. Kann der Hund das sowohl mit rechts als auch mit links, lassen Sie ihn nacheinander erst die eine, dann die andere Pfote heben – Click. Dann das Ganze zwei- oder dreimal, danach erst kommt der Click. Wenn Sie sich dabei rückwärtsbewegen und der Hund im »Stechschritt« auf Sie zugeht, ist alles perfekt. Kennt der Hund bereits zwei Signale für die rechte und die linke Pfote, behalten Sie die bei. Sie können aber auch zwei neue einführen.

TOUCH MIT PFOTE

Genauso wie Sie Ihrem Hund beibringen können, mit seiner Nase die Spitze eines Targetsticks zu berühren (→ Seite 48/49), kann er lernen, dass er dafür die Pfote benutzt. Wenn Sie ihm beides beibringen wollen, nehmen Sie am besten zwei verschiedene Signale sowie verschiedene Hilfsgeräte, z. B. den Targetstick für das Anstupsen mit der Nase und eine Fliegenklatsche für die Pfote.

So klappt es: Halten Sie die Fliegenklatsche mit der Klatsche nach unten vor sich und warten Sie. Ihr Hund wird das Teil vielleicht zunächst mit der Nase berühren, vor allem, wenn er diesen Trick schon gelernt hat. Wenn das aber nichts bringt, versucht er es weiter und hebt dabei wahrscheinlich auch einmal die Pfote – und Click. In der Folge clicken Sie, wenn er die Pfote höher nimmt oder auch nur in die Nähe der Fliegenklatsche hält. Beobachten Sie Ihren Schüler gut, damit Sie jeden richtigen Ansatz sofort erkennen. Zum Schluss gibt es nur noch einen Click, wenn er die Klatsche mit der Pfote berührt. Der zunächst relativ kurze Kontakt zwischen Pfote und Fliegenklatsche kann allmählich ausgedehnt werden. Verändern Sie wie beim Trick mit der Nase auch hier die Position der Fliegenklatsche und halten Sie sie weiter von sich entfernt oder sogar auf den Boden, sodass der Hund auf sie treten muss. Oder Sie halten sie nach oben, sodass der Hund mit der Pfote abklatscht (→ »Give me five«, Seite 63).

Mögliche Hilfe: Ihr Vierbeiner kommt nicht darauf, was Sie bei dieser Übung von ihm erwarten? Dann halten Sie ein Leckerchen unter die Fliegenklatsche oder legen Sie das Futterhäppchen auf die Erde und die Fliegenklatsche darauf. Halten Sie die Klatsche dabei aber gut fest. Der Hund wird versuchen, an den verführerischen Leckerbissen heranzukommen. Möglicherweise anfangs mit der Schnauze, doch wenn das nicht funktioniert, wird er mit Sicherheit auch die Pfote einsetzen – und schon macht es »click«. Sobald er verstanden hat, worum es hier geht, können Sie das Leckerchen weglassen.

Gut zu wissen

Lust auf eine weitere Pfotenübung? Dann versuchen Sie doch den »müden Hund«. Kleben Sie dazu ein kleines Stück Tesafilm leicht auf eine Augenbraue des Hundes. Er wird nun mit der Pfote darüberwischen, um das Ding loszuwerden – Click. Im Lauf der Übungseinheiten wird der Tesastreifen immer kleiner und bleibt ganz weg. Bald wischt der Vierbeiner sich mit der Pfote ohne Tesafilm über das Gesicht. Zeigt er das von selbst und wischt sich auch richtig über das Gesicht, kommt das Signal dazu – z. B. »Müde« oder »Bist du müde?«, mit guter Betonung von »müde«. Für diese Übung sollte der Hund gut mit dem Clickertraining vertraut sein.

Viel Spaß für Mensch und Hund

Wenn Sie beim Training mit dem Clicker einige grundsätzliche Punkte beherzigen, kommt Ihr Vierbeiner leichter und schneller zum Übungsziel, vergisst das Gelernte nicht, und der Spaß am Clicken bleibt für beide Seiten ungetrübt.

TUT GUT

Trainieren Sie nur, wenn Sie entspannt und ausgeglichen sind und genügend Zeit zum Üben haben.

Eine für den Vierbeiner hochwertige Belohnung tut gut, um seine Motivation, etwas auszuprobieren, zu erhalten und zu fördern.

Beginnen Sie das Training in einer ruhigen, reizarmen Umgebung, in der weder Sie noch Ihr Hund abgelenkt werden.

Beginnen Sie mit einer Übung erst, wenn Ihnen der Weg zum Übungsziel klar ist. Dann wird auch Ihr Hund die einzelnen Schritte verstehen.

Passen Sie das Training dem Typ Ihres Hundes an: Der eine begreift schnell und ist eifrig, der andere braucht länger und ermüdet leichter.

Ihr Hund soll ausgeruht und auf dem »normalen« Aktivitätslevel sein. Strotzt er vor Energie, lasten Sie ihn vor dem Training noch etwas aus.

Halten Sie die Trainingseinheiten kurz. Wenige Minuten zwei- bis dreimal täglich sind besser als eine lange Session.

Übungen, die dem Hund leichtfallen, machen ihm, vor allem als Anfänger, den Einstieg ins Clickertraining einfach.

BESSER NICHT

Lassen Sie den Clicker nie herumliegen, damit Kinder und Besucher nicht in Versuchung kommen, den »Knackfrosch« einfach so zu betätigen.

Vermeiden Sie Übungen, die Ihren Vierbeiner körperlich oder mental überfordern. Sonst verliert er die Freude am Training.

Reagieren Sie nicht ungeduldig oder ungehalten, wenn es nicht wie gewünscht klappt. Ihr Hund macht nichts mit Absicht falsch.

Reduzieren Sie den Umgang mit Ihrem Hund nicht aufs Clickertraining. Diese Art der Beschäftigung macht noch kein echtes Team aus Mensch und Hund.

Zwingen Sie Ihren Vierbeiner nicht durch drohende Körperhaltung oder Leinenruck zu bestimmten Verhaltensweisen, um diese anschließend durch den Click zu bestätigen.

Zumindest eine neue Übung sollten nicht verschiedene Personen mit dem Hund trainieren. Das bringt den Aufbau leicht durcheinander.

Beginnen Sie mit dem Clickertraining nicht, solange Ihnen die Methode an sich noch nicht völlig klar ist. Üben Sie dann erst mal noch ohne Hund.

SICH SCHÜTTELN, DREHEN UND RÜCKWÄRTSGEHEN

Die folgenden Übungen machen Spaß und sind zum Teil auch praktisch im Alltag. Suchen Sie sich aber die aus, die Ihrem Hund am besten liegen.

SCHÜTTELN

Mit einem Hund, der sein Fell auf Kommando schüttelt, läuft es im Alltag viel leichter – beispielsweise vor der Haustür, wenn er nass vom Spaziergang zurückkommt.

So klappt es: Clicken Sie, sobald sich Ihr Vierbeiner zu schütteln beginnt. Ein Hund schüttelt sein Fell meist nach dem Bürsten oder wenn er sich nach der Siesta gestreckt hat. Oft aber auch, wenn ihm sein Herrchen signalisiert, dass es Zeit zum Gassigehen ist. Und natürlich immer dann, wenn sein Fell nass ist. Sie registrieren bald, wann Ihr Vierbeiner sich schütteln will. Halten Sie dafür den Clicker bereit. Und wieder das übliche Schema: Schüttelt er sich von sich aus, um den Click zu bekommen, führen Sie das Lautsignal ein und steuern die Aktion ab sofort mit »Schütteln«.

Mögliche Hilfe: Sich schütteln ist keine leichte Übung. Bei feuchtem Fell hilft zusätzlich eventuell ein leichtes Kitzeln am Ohr.

TWIST

Für diese Übung brauchen Sie einen Leckerbissen oder einen Targetstick, falls der Hund schon gelernt hat, dessen Spitze mit der Nase zu berühren (→ Seite 48/49).

So klappt es: Der Vierbeiner steht vor Ihnen, und Sie halten ihm Leckerchen oder den Targetstick vor die Nase. Wie schnell Sie zum Erfolg kommen können, hängt vom Hund ab. Übungsziel ist die Drehung um die eigene Achse, und zwar immer zur selben Seite. Beschreiben Sie dazu mit dem Futterhappen oder dem Targetstick einen Kreis. Je nach Motivation und Reaktionsfreudigkeit des Hundes clicken Sie anfangs schon, wenn er nur einen Teil des Kreises ausführt. Mit der Zeit erfolgt der Click immer später. Aber vielleicht legt

Sich schütteln auf Kommando ist nicht einfach. Viele Hunde brauchen dafür einen Reiz wie etwa Wasser.

Kennt der Hund die Übung »Touch« nicht, wird er mittels Leckerchen dazu animiert, sich um die eigene Achse zu drehen – und Click!

Beim Rückwärtsgehen bewegt man sich leicht auf den Hund zu, sein rechtes Hinterbein macht eine kleine Rückwärtsbewegung – und wieder clickt's.

Ihr Vierbeiner auch sofort die ganze Drehung aufs Parkett – und Click! Sobald Ihr Vierbeiner die Drehung beherrscht, clicken Sie erst, wenn er sich zweimal um die eigene Achse gedreht hat. Mehr Drehungen am Stück sollten es nicht sein. Dann, wie gewohnt, das passende Signal geben, etwa »Dreh dich« oder »Twist«. Möchten Sie auch die Drehung andersherum einüben? Kein Problem, aber führen Sie dafür ein eigenes Signal ein.

RÜCKWÄRTSGEHEN

Das Rückwärtsgehen ist mentale Beschäftigung und eine relativ einfache Übung. Zudem fördert sie die Koordination.

So klappt es: Ihr Hund steht frontal vor Ihnen. Macht er zufällig einen Schritt rückwärts oder hebt lediglich eine Hinterpfote: Click. Probiert er nichts, beugen Sie sich mit dem Körper einen Tick nach vorn und clicken selbst dann, wenn er nur die kleinste Bewegung in die richtige Richtung macht. Sie können auch einen Schritt auf ihn zu machen. Der Hund darf dadurch aber nicht verunsichert werden oder sich bedroht fühlen. Schauen Sie ihn nicht direkt an, sonst kann es sein, dass er sich setzt. Schauen Sie besser über ihn nach hinten. Sobald er zuverlässig einen Schritt nach hinten macht, warten Sie ab und geben den Click erst, wenn er die nächste Bewegung zurück macht. Zur Unterstützung können Sie sich wieder leicht auf ihn zubewegen. Sobald er von selbst mehrere Schritte rückwärts geht, führen Sie das Signal »Zurück« oder »Back« ein. Als Sichtzeichen ist eine »wegschiebende« Handbewegung hilfreich. Übungsziel: Der Hund geht auf Ihr Signal hin rückwärts, während Sie in Ihrer Position bleiben.

Mögliche Hilfe: Starten Sie das Training dort, wo Ihr Hund nicht seitlich ausweichen, sondern nur rückwärtsgehen kann, z. B. im Flur. Es ist jedoch wichtig, dass er sich nicht eingeengt fühlt. Berücksichtigen Sie also das Wesen Ihres Vierbeiners.

DANCING QUEEN

Mit dem Targetstick oder einigen leckeren Häppchen lernen kleinere Hunde meist recht schnell, sich auf die Hinterbeine zu stellen und Männchen zu machen. Kommt dann noch der »Twist« (→ Seite 68) dazu, wird der Vierbeiner im Handumdrehen zum perfekten Tänzer.

KUNSTSTÜCKCHEN FÜR KÖNNER

Mit diesen Tricks haben Sie ein tolles Unterhaltungsprogramm parat – mit Signalen, die glauben machen, der Hund hätte Sie wörtlich verstanden.

VERBEUGEN

Das Verbeugen ist eine ruhige Übung, die für jeden Hund geeignet ist.

So klappt es: Beobachten Sie Ihren Hund, wann er sich aus eigenem Antrieb »verbeugt« – etwa wenn er sich nach dem Schlafen streckt oder Sie mit abgesenktem Vorderkörper zum gemeinsamen Spiel auffordert. Clicken Sie jedes Mal, wenn er eine dieser Körperhaltungen einnimmt. Neigt Ihr Hund dazu, sich unmittelbar nach der Verbeugung hinzulegen, gehen Sie nach dem Click einige Schritte rückwärts, sodass er seine Belohnung nur erhält, wenn er zu Ihnen kommt. Clicken Sie im Laufe des Trainings nur noch dann, wenn er sich richtig verbeugt, und nicht, wenn er das Absenken des Vorderkörpers nur andeutet. Erst wenn er sich selbstständig und unabhängig von der üblichen Streckaktion oder Spielaufforderung verbeugt, kommt das Signal »Verbeugen« dazu.

Mögliche Hilfe: Probleme, den richtigen Moment für den Click zu erwischen? Dann helfen Sie etwas nach: Halten Sie das Lieblingsspielzeug oder ein Futterhäppchen für kurze Zeit auf den Boden und bewegen Sie sich dabei so, als wollten Sie mit Ihrem Hund spielen. Fast immer antwortet er darauf mit der gewünschten Verbeugung – und Click!

KÜSSCHEN GEBEN

Das ist ein lustiger Trick für alle, die nichts gegen einen engen Kontakt zwischen Gesicht und Hund einzuwenden haben.

So klappt es: Ihr Hund hat bereits gelernt, mit der Nase die Spitze des Targetsticks zu berühren (→ Seite 48/49). Halten Sie die Targetspitze an Ihre Wange und beugen Sie sich dabei zum Hund vor. Stupst er den Targetstick an, folgt der Click. Hat er das mehrere Male zuverlässig praktiziert, bleibt der Targetstick weg, und Sie halten ihm nur noch die Wange hin. Der Vierbeiner wird sie gezielt mit der Nase berühren. Wie bei allen

Eine perfekte Verbeugung! Finden Sie heraus, wann Ihr Vierbeiner von selbst diese Position einnimmt, dann heißt es rechtzeitig clicken!

Clickerübungen kommt nun das Signal dazu, etwa »Gib Küsschen«. Achten Sie allein aus Hygienegründen darauf, dass die »Kusszone« ein ganzes Stück von Ihrer Mundpartie entfernt ist. Die Küsschen temperamentvoller Hunde können recht stürmisch ausfallen.

Mögliche Hilfe: Kennt Ihr Hund die Übung mit dem Targetstick nicht, geben Sie einen kleinen Klecks Streichwurst auf Ihre Wange. So lässt er sich garantiert für das Kunststück begeistern. Allmählich kommt immer weniger Streichwurst zum Einsatz, bis die Übung schließlich ganz ohne »Überredungshilfe« klappt.

Leichtes Kunststück: ein feuchter Hundeschmatz auf die Wange. Genug Abstand zur Mundpartie sorgt für Hygiene und Sicherheit Ihrer Zähne.

JA UND NEIN

Den Trick, mal Ja und mal Nein zu sagen, sollte Ihr Hund nacheinander lernen, damit es keine Verwirrung gibt.

So klappt es: Zuerst das »Ja«: Nehmen Sie den Clicker in die Hand. Ihr Hund wird Sie erwartungsvoll anschauen. Warten Sie, bis er zufällig auf den Boden schaut, clicken Sie aber schon, wenn sich sein Blick nur ein wenig nach unten richtet. Er wird sofort wieder erwartungsvoll den Kopf heben. Sie warten erneut, bis er nach unten schaut, dann clicken Sie. Beherrscht er das, folgt der Click erst, wenn er danach wieder geradeaus oder nach oben blickt. Mit der Zeit hat er die Übung verinnerlicht und wird mit dem Kopf nicken. Sie können dann die Übung erweitern, indem Sie nicht nach dem ersten Nicken clicken, sondern frühestens nach dem zweiten oder dritten Mal. Das Signal dazu kann »Ja« heißen oder als Frage formuliert werden: Mit »Spielen wir?« wirkt der Trick noch überzeugender. Die Betonung liegt auf »Spielen«.

Das »Nein« funktioniert ähnlich. Warten Sie ab, bis der Hund zur Seite schaut: Click. Kann er das, verzögern Sie den Click, bis er den Kopf wieder in die Ausgangsposition zurückdreht. Klappt das auch, clicken Sie nur noch, wenn er den Kopf nicht nur zurück-, sondern schon nach der anderen Seite dreht. Bestärken Sie jede noch so kleine richtige Reaktion. Das Signal dazu kann »Nein« oder »No« sein, aber auch hier macht eine Frage mehr Eindruck – am besten zu etwas, von dem Sie genau wissen, dass Ihr Hund es gar nicht mag, so wie z. B. »Baden wir?« (Baden betonen).

Mögliche Hilfe: Mithilfe eines Spielzeugs oder Leckerbissens animieren Sie Ihren Hund, seinen Kopf zur gewünschten Seite zu drehen. Genauso funktioniert das natürlich auch mit dem Targetstick, sofern er bereits gelernt hat, dessen Spitze mit der Nase anzustupsen.

NÜTZLICHE UND LUSTIGE ÜBUNGEN

Mal praktisch, mal spaßig sind diese Tricks, doch nicht einfach. Aber mit Ihrem Clickerwissen sind Sie so weit, dass Mensch und Hund Freude haben.

TÜR AUF

Wenn Ihr Hund mit dem Targetstick vertraut ist, sind die folgenden Übungen kein Problem.

So klappt es: Der Vierbeiner soll die nur angelehnte Tür öffnen. Halten Sie dazu den Targetstick so, dass die Tür aufgeht, wenn er ihn mit der Nase anstupst. Bestärken Sie zunächst jedes Anstupsen. Wird der Hund sicherer, bestärken Sie ihn nur noch dann, wenn er den Stick so kräftig anstupst, dass sich die Tür möglichst weit öffnet. Macht er das wie gewünscht, bleibt der Targetstick ganz weg. Klappt die Übung auch jetzt zuverlässig, kommt das Lautsignal hinzu, wie »Auf« oder »Tür auf«. Legen Sie schon vor Beginn das Übungsziel fest: Wollen Sie nur, dass die Tür einen größeren Spalt weit aufgeht, oder soll Ihr Hund sie ganz öffnen? Dann arbeiten Sie sich schrittweise an diese Zielvorstellung heran.

Mögliche Hilfe: Es geht auch ohne Targetstick. Präparieren Sie dann die Stelle an der Tür, die der Hund anstupsen soll, mit einem Klecks Streichwurst. Verwenden Sie nach und nach weniger von diesem »Köder«, je sicherer Ihr Hund wird. Als letzte und kleinste Hilfestellung können Sie auch nur noch Ihren Finger an der Wurst reiben und dann mit ihm die Tür berühren. Hat Ihr Hund einmal verstanden, worum es geht, kann schließlich auch diese Minihilfe wegfallen.

Anfangs lernt der Hund über den Targetstick, die Tür mit seiner Schnauze am richtigen Punkt zu berühren, um sie zu öffnen.

Bald braucht der Hund keine Hilfe mehr. Jetzt können Sie das Signal einführen, damit er die Tür nur auf Ihren Wunsch öffnet.

TÜR ZU

Im Wohnzimmer läuft die Heizung, Sie liegen endlich gemütlich auf dem Sofa; und jetzt kommt Ihr Hund herein, die Tür steht offen? Kein Problem, wenn er sie selbst zumachen kann.

So klappt es: Halten Sie den Targetstick so an die Tür, dass sie zugeht, wenn der Hund an die Spitze stupst. Trainingsziel: Der Hund soll der offenen Tür so viel Schwung mitgeben, dass sie angelehnt ist oder zufällt. Das Lautsignal dafür kann »Zu«, »Tür zu« oder auch »Close« heißen.

Mögliche Hilfe: Etwas Streichwurst an der Tür (→ links) ist eine Alternative zum Targetstick.

Extratipp: Soll Ihr Hund lernen, die Tür zu öffnen und zu schließen, starten Sie die zweite Übung erst, wenn er die erste Variante sicher beherrscht. Sonst können ihn die doch sehr ähnlichen Abläufe verwirren. Mit welcher der beiden Übungen Sie beginnen, spielt keine Rolle.

LICHT AN- UND AUSSCHALTEN

Diese Übung funktioniert mit einem Kippschalter und ist nur für größere Hunde geeignet, die auch an den Lichtschalter herankommen. Am einfachsten geht es, wenn Ihr Hund den Targetstick kennt.

So klappt es: Halten Sie den Targetstick am besten waagerecht zum Schalter und mit der Spitze auf den Schalter. So ist er dem Hund nicht im Weg. Die Übung ist nämlich etwas schwieriger als »Tür auf/zu« (→ links und oben), weil Ihr Hund sich aufrichten muss, um den Schalter zu erreichen. Er balanciert dabei für kurze Zeit auf den Hinterbeinen oder stützt sich mit den Vorderbeinen an der Wand ab. Da das etwas Übung verlangt, sollten Sie schon erste Ansätze in Richtung Lichtschalter clicken. Zunächst reicht es, wenn der Hund den Lichtschalter berührt. Macht er das irgendwann gezielt und mit Begeisterung, clicken Sie nur noch, wenn die Aktion so schwungvoll gerät, dass der Schalter »kippt«, das Licht also entweder an- oder ausgeht. Bei dieser Übung unterscheidet man nicht zwischen Ein- und Ausschalten. Als Lautsignal wählen Sie am besten »Licht«.

Ein nettes Kunststück ist das Ein- und Ausschalten des Lichts mittels Kippschalter. Ohne Targetstick ist ein Klecks Streichwurst eine gute Hilfe.

Mögliche Hilfe: Fällt es Ihrem Hund anfangs noch schwer, sich so weit nach oben zu orientieren, halten Sie den Targetstick unterhalb des Lichtschalters und zunächst nur ein paar Zentimeter über seinen Kopf. Mit der Zeit wandert der Stick dann immer weiter nach oben, bis seine Spitze schließlich auf dem Lichtschalter liegt. Kennt Ihr Vierbeiner den Targetstick noch nicht, können Sie ihm auf gleiche Weise wie bei den Übungen für »Tür auf« und »Tür zu« helfen, indem Sie den Lichtschalter mit etwas Streichwurst präparieren.

SCHIEBEN

Einen Puppenwagen oder ein anderes kleines Gefährt schieben? Ein echtes Kunststück! Aber mit etwas Unterstützung kein Problem.

So klappt es: Halten Sie ein Leckerchen so, dass Ihr Hund sich mit den Vorderpfoten auf den Griff des Puppenwagens stellen muss, um es zu erreichen. Dafür gibt es einen Click. Sobald er das gern und prompt macht, bewegen Sie das Häppchen ein wenig in Fahrtrichtung, sodass der Vierbeiner den Wagen schieben muss, um dem Leckerbissen zu folgen. Starten Sie mit kurzen Strecken und vergrößern Sie die Schiebetour allmählich. Als Lautsignal können Sie beispielsweise das Wort »Schieben« verwenden.

Extratipp: Trainieren Sie die Übung möglichst auf der Wiese oder einem ähnlichen Untergrund, auf dem der Puppenwagen nur langsam rollt. Statt des Leckerbissens können Sie natürlich auch den Targetstick einsetzen, wenn Ihr Hund schon vertraut mit diesem Hilfsmittel ist.

HINLEGEN

Ziel dieser Trainingseinheit ist, dass sich Ihr Hund auf den Rücken legt. Das hat eine Menge praktischer Vorteile: Unter anderem können Sie ihn auch am Bauch sauber machen oder eine in diesem Bereich sitzende Zecke entfernen.

So klappt es: Beobachten Sie Ihren Hund. Wälzt er sich gerne und häufig im Gras oder auf dem Teppich? Clicken Sie, sobald er alle viere in die Höhe streckt. Zeigt er dieses Verhalten eventuell nach einiger Übung schon aus eigenem Antrieb, um den Click zu bekommen? Dann zögern Sie den Click hinaus. Er soll eine Weile ruhig in der Position verharren. Erst dann clickt es. Dehnen Sie die Zeitspanne allmählich weiter aus und führen Sie schließlich das Signal ein, z. B. »Leg dich«. Wir sagen zu unserer Hündin immer »Bauchi«.

Mögliche Hilfe: Macht der Hund Platz, halten Sie ihm ein Häppchen vor die Nase und bewegen es so, dass er sich zur Seite und auf den Rücken drehen muss, um ihm mit den Augen zu folgen. Clicken Sie bereits, wenn er sich in die geforderte Richtung dreht, und nicht erst, wenn er ganz auf dem Rücken liegt.

Extratipp: Ist der Hund müde, fällt ihm die Übung leichter. Sorgen Sie außerdem für einen angenehmen Untergrund (weicher Teppich statt harter Fliesen). Manche Hunde, oft solche, die sehr unsicher sind, legen sich nicht gern auf den Rücken. Für sie ist die Übung ungeeignet.

ROLLE

»Leg dich« (→ oben) lässt sich noch ausbauen, indem sich der Hund ganz zur anderen Seite rollt.

So klappt es: Kennt Ihr Hund den Targetstick, führen Sie diesen so, dass er automatisch eine Rolle macht, wenn er dem Stick mit der Nase folgt. Clicken Sie für jeden Schritt. Vielleicht schafft Ihr Hund ja sogar gleich die komplette Rolle. Macht er gern mit, können Sie das Tempo der Rollen etwas erhöhen. Manche Hunde schaffen auch mehrere Rollen am Stück. Als Signal für diese Übung eignet sich beispielsweise »Rolle«.

Mögliche Hilfe: Kennt Ihr Hund den Targetstick nicht, verwenden Sie ein Leckerchen, um ihn in die richtige Position zu locken. Oder warten Sie, bis er es aus dem »Leg dich« selbst ausprobiert.

Der Hund hat die Pfote auf den Stab gesetzt und steht mit einem Bein in der gefüllten Wanne. Diese Pfote kann also schon mal gesäubert werden.

Wer will, bringt seinem Hund bei, alle viere in die Wanne zu stellen, z. B. dadurch, dass er dem Stick mit der Nase folgt und so in die Wanne geht.

PFOTEN WASCHEN

Wenn Ihr Hund diese Übung beherrscht, lassen sich verschmutzte Pfoten nach dem Gassigehen ganz leicht abwaschen.

So klappt es: Ihr Hund hat gelernt, seine Vorderpfote in Ihre Hand zu legen oder auf eine Fliegenklatsche am Boden zu stellen (→ Seite 62 und 65). Er soll sie dort aber jetzt länger lassen. Clicken Sie also erst, wenn die Pfote eine Zeit lang dort bleibt, und dehnen Sie die Zeitspanne allmählich aus. Sitzt die Grundübung, verlagern Sie das Zielobjekt, also Hand oder Fliegenklatsche, in eine kleine leere Plastikwanne. Macht der Hund weiter freudig mit, bleiben Hand bzw. Fliegenklatsche weg. Funktioniert auch das, füllen Sie etwas Wasser in die Wanne und lassen ihn die Pfote hineinstellen. Bei wasserscheuen Tieren reicht es, wenn lediglich der Boden mit Wasser bedeckt ist. Bei Wasserfans darf es mehr sein. Das begleitende Signal kann beispielsweise »Waschen« lauten. Üben Sie das Ganze mit jeder Pfote einzeln.

Mögliche Hilfe: Alternativ zur Fliegenklatsche lässt der Hund sich auch mit einem Leckerchen vor der Nase in die Wanne locken. Kostet ihn das sichtbar viel Überwindung, clicken Sie schon kleine Schritte, z. B. bereits dann, wenn er eine Pfote ein Stückchen anhebt. Ist Ihr Vierbeiner Wasser gegenüber recht skeptisch? Dann reicht es wieder, wenn nur der Boden mit Wasser bedeckt ist.

Variation: Wem das nicht reicht, der kann diese Übung perfektionieren, sodass beide Vorderbeine gleichzeitig in der Wanne stehen: Stellt der Hund eine Pfote sicher in die leere Wanne, clicken Sie nicht mehr. Er wird nun in der Regel Verschiedenes ausprobieren. Achten Sie dabei auf jeden noch so kleinen Ansatz in die richtige Richtung! Sobald er die andere Vorderpfote auch nur ein klein wenig bewegt, erfolgt der Click.

Hilfe bei Problemfällen

Damit der Spaß am Lernen mit dem Clicker ungetrübt bleibt, erfahren Sie hier, wie Sie Probleme vermeiden können und was über den Gebrauch des Clickers hinaus bei der Hundeerziehung wichtig ist.

WENN IHR HUND NICHT MITMACHEN WILL

Für die meisten Hunde wird der Clicker sehr schnell zum echten Highlight. Bei manchen aber kann es auch einige Zeit dauern, bis der Groschen fällt und sie mit dem Clickertraining klarkommen.

DIE ANGST VOR DEM CLICK

Einige Hunde erschrecken vor dem Clickgeräusch. Reagiert Ihr Hund jedoch in anderen Situationen nicht übermäßig schreckhaft, dann wird er schon bald die positiven Seiten des Clickers schätzen lernen und sich an den Click gewöhnen. Um mit einem besonders geräuschempfindlichen Hund zu arbeiten, können Sie das Clickergeräusch etwas dämpfen. Entweder halten Sie dazu den Clicker hinter Ihren Rücken oder lösen ihn in der Jacken- oder Hosentasche aus.

Markerwort: Manche Vierbeiner sind sehr sensibel und schreckhaft. Nimmt Ihr Hund nicht mal einen Leckerbissen oder meidet Sie, wenn Sie beginnen, ihn auf den Clicker zu konditionieren, dann brechen Sie ganz ab. Überlegen Sie sich stattdessen ein Markerwort, z. B. »Klick« oder »Top«. Konditionieren Sie ihn, genau wie auf den Clicker, darauf (→ Seite 24/25). Wählen Sie als Markerwort kein Wort, das auch sonst in Ihrem gemeinsamen Alltag vorkommt. Betonen Sie es außerdem ungewöhnlich.

Sicherheit geben: Manche sensiblen Hunde stresst Clickertraining sehr, weil es sie überfordert, selbst darauf zu kommen, was von ihnen erwünscht wird. Einem solchen Vierbeiner geben Sie durch Hilfen wie etwa Streichwurst auf der Spitze des Targetstabs von Anfang an mehr Sicherheit. Alternativ ist herkömmliches Training eine Option, bei dem der Hund Neues durch Motivation über Leckerchen lernt und so eine klare Linie hat, an der er sich orientieren kann.

PASSIVES VERHALTEN

Ihr Hund ist richtig konditioniert worden und hat den Zusammenhang zwischen Clickgeräusch und Leckerbissen als Belohnung verstanden. Aber er macht trotzdem keine Anstalten, im Rahmen der Übungen etwas auszuprobieren?

Cross-over-Problem: Die Ursachen des passiven Verhaltens können in der Art der Ausbildung liegen. Wenn hier vorwiegend mit negativer Verstärkung oder positiver Strafe, also mit starkem Zwang gearbeitet wurde (→ Seite 12/13), hat diese Erziehungstechnik mit hoher Wahrscheinlichkeit die Eigeninitiative des Vierbeiners entscheidend gehemmt. Der Hund musste die Erfahrung machen, dass es negative Konsequenzen hat, wenn er von sich aus aktiv wird. Also unterlässt er das selbstständige Handeln. Man spricht hier vom »Cross-over-Problem«.

Mix von Lob und Zwang: Auch Mischformen der Ausbildung, die zum einen auf Lob, zum anderen aber auch auf Zwang basieren, können Passivität zur Folge haben. Das gilt allerdings nicht generell und kann sowohl von der Sensibilität des Hundes als auch von Stärke und Häufigkeit des angewendeten Zwangs abhängen.

Fixierung: Anfängliche Verständnisprobleme kann es auch dann geben, wenn der Hund längere Zeit nur in einem speziellen Bereich ausgebildet wurde und sehr darauf fixiert ist, beispielsweise auf die Fährtenarbeit oder das Apportiertraining. Beginnt man jetzt neu mit den Clickerübungen und will einen Trick trainieren, der anders ist als alles, was der Vierbeiner bisher gelernt hat, kann das seinen Horizont erst einmal übersteigen. Die Folge ist nicht selten mangelnde Eigeninitiative.

Geduld haben: Werfen Sie die Flinte nicht gleich ins Korn. Versuchen Sie, Ihren Hund zu einer noch so kleinen Aktion zu verführen, und clicken Sie – selbst dann, wenn er nur mit dem Ohr zuckt. Bei etwas Geduld kommt der Hund häufig von selbst auf den Geschmack. Andernfalls helfen Sie ihm einfach. Wenn Sie vor dem Beginn des Clickertrainings mit Zwang gearbeitet haben, dürfen Sie nun nicht in das alte Muster zurückfallen. Verzichten Sie auf jede verbale, körpersprachliche oder gar handgreifliche Korrektur, wenn der Hund einmal nicht das tut, was Sie von ihm erwarten.

Betätigen Sie den Clicker in der Hosentasche, wird das Geräusch gedämpft. Das hilft sensiblen Hunden.

Ist ein Hund durch harte Ausbildung oder von Natur aus verunsichert, kann das Clicken Probleme bereiten. Er traut sich nicht, aktiv zu werden.

Bei allem Enthusiasmus fürs Clickertraining: Vermeiden Sie, dass Ihr Hund zum »Clicker-Junkie« wird. Deshalb gilt Qualität vor Quantität.

KEIN APPETIT

Ihr Hund interessiert sich nicht für Leckerchen? Vielleicht ist er einfach zu satt. Kürzen Sie ein oder zwei Mahlzeiten um ein Drittel oder die Hälfte. Häufig reicht das, um das Interesse zu wecken. Womöglich bekommt Ihr Hund aber ja auch grundlos ständig Häppchen? Dann stellen Sie das ab. Ab sofort erhält er Leckerchen nur noch beim Clicken. Ist Ihr Hund sehr wählerisch, mag eine Sorte mal und dann wieder nicht mehr, sollten Sie die Art der Häppchen öfter wechseln. Und zwar bevor er sie verschmäht. Hilft auch das nicht, testen Sie aus, was ihm schmecken könnte – auch verschiedenste Wurst- und Käsesorten, Obst, Gemüse und Dinge, die Sie selbst nicht so appetitlich finden, wie z. B. Trockenfisch oder rohe Rindfleischstückchen.

Keine Ablenkung: Manche Hunde nehmen nichts, wenn sie abgelenkt sind. Achten Sie daher auf eine ruhige, reizarme Umgebung. Auch sehr ängstliche Vierbeiner können Leckerchen verweigern. Dann wählen Sie fürs Training unbedingt ein Umfeld, in dem Ihr Hund sich sicher fühlt.

HEKTIK

Ist Ihr Hund übermotiviert und beim Clickertraining nervös und unkonzentriert? Dann haben Sie eventuell zu viel gemacht oder sind zu rasch vorgegangen. Machen Sie eine längere Pause oder trainieren Sie in der nächsten Zeit ruhiges Verhalten. Bleiben vor allem Sie selbst entspannt und lassen Sie sich von der Hektik nicht anstecken!

Gut zu wissen

Im Team von Mensch und Hund ist die Teamleitung Ihre Aufgabe. Dann orientiert sich Ihr Vierbeiner im Alltag gern an Ihnen. Nur wenn Ihr Vierbeiner Sie ernst nimmt und respektiert, klappt auch das Miteinander – ob mit oder ohne Clicker.

UNERWÜNSCHTES VERHALTEN

Sie haben es vermutlich anhand der vorgestellten Übungen selbst erlebt: Mit dem Clicker lässt sich ein erwünschtes Verhalten Ihres Hundes hervorragend bestätigen, und der Hund kann auf diese Weise selbst komplexe Verhaltensketten relativ leicht und sicher erlernen. Was aber schafft Abhilfe, wenn man unbewusst etwas Falsches bestätigt hat oder der Hund Angewohnheiten an den Tag legt, die man ihm gern abgewöhnen möchte?

JEDE SEKUNDE ZÄHLT

Falls Sie durch falsches Timing während einer Übungseinheit wiederholt im ungünstigen Moment geclickt haben, dann hat Ihr Hund etwas Falsches gelernt. Beispiel: Man möchte den Blickkontakt bestätigen, setzt den Clicker aber mehrmals eine Idee zu spät. Das Ergebnis: Der Hund hat den Blickkontakt schon gelöst und schaut weg. In der Folge wird er also immer wieder wegschauen. Ähnlich beim Festhalten eines Apportels: Clicken Sie zu spät, also wenn der Vierbeiner es nicht mehr festhält, dann lernt er: Click heißt fallen lassen.

Alte Verknüpfungen löschen: Der Hund reagiert oft so schnell, dass man den richtigen Zeitpunkt für den Click nicht immer exakt erwischt. Das kann einem Anfänger zunächst schon mal passieren. Ein Beinbruch ist das nicht: Sobald Sie Ihren Fehler erkannt haben, bestärken Sie das Verhalten einfach nicht mehr. Wenn Sie konsequent sind, wird Ihr Hund es nach einiger Zeit nicht mehr zeigen. Da der Anreiz entfällt, lohnt es sich für ihn nicht, und er verschwendet keine Energie mehr darauf. Hat sich die unerwünschte Verknüpfung schon sehr gefestigt, kann das Verhalten jedoch vorübergehend verstärkt auftreten. Halten Sie durch und starten Sie die Übung neu, wenn es erloschen ist.

Zurück auf Anfang: Stellen Sie das Training um, wenn bei komplexen Übungen ein Teilschritt nicht mehr richtig klappt. Üben Sie diesen Teilschritt erst einmal isoliert und so lange, bis er zuverlässig sitzt. Erst dann steht wieder die gesamte Übung auf dem Trainingsprogramm.

ANDERS STATT UNERWÜNSCHT

Bei unerwünschten Verhaltensweisen des Hundes hat der Clicker seine Grenzen. Erwünschtes Verhalten kann man bestärken, unerwünschtes aber nicht abgewöhnen. Doch in vielen Fällen lässt sich ein Alternativverhalten etablieren. Rennt der Hund etwa gegen Ihren Willen bei jedem Klingeln zur Tür, können Sie ihn alternativ dafür bestärken, dass er sich auf Ihr Signal in seinen Korb legt – zuerst ohne Zusammenhang mit der Türglocke. Beherrscht er das, verlangen Sie es beim Klingeln, schließlich in Verbindung mit dem Klingeln und Besuchern (die den Hund dann aber natürlich ignorieren sollten).

Selbstbelohnendes Verhalten: Manche Verhaltensweisen motivieren den Hund während der Aktion selbst. Sie üben auf ihn einen Reiz aus, dem man mit einer Belohnung nichts entgegensetzen kann. Der Hund belohnt sich quasi selbst. Ein typisches Beispiel ist die Lust am Jagen. Eventuell schaffen Sie es ganz zu Beginn einer Jagdsequenz, ein Alternativverhalten zu etablieren. In der Regel funktioniert das aber nur bei schwach vorhandener Jagdpassion und hoher Führigkeit des Hundes, nicht aber bei wirklich ausgeprägtem Jagdtrieb. Ähnliches gilt, wenn Ihr Hund unterwegs permanent nach Fressbarem

Falsches Bestärken: Der Hund bleibt beim Bei Fuß Gehen stehen, Sie locken ihn mit Leckerchen und belohnen ihn damit fürs Stehenbleiben. Kein Wunder, dass er nicht weiterwill.

sucht, sich gern in Gülle wälzt, an Stromkabeln oder am Teppich knabbert. Hier hilft der Clicker nicht weiter, je nach Situation aber ein konditioniertes Abbruchsignal. Lassen Sie den Hund dazu nacheinander fünfmal einen einzelnen Happen aus Ihrer Handfläche nehmen. Beim sechsten Mal schließen Sie die Hand, bevor er am Happen ist. Dabei sagen Sie, wenn Sie die Hand zu schließen beginnen, beispielsweise »No« oder »Stopp«. Der Vierbeiner hält jetzt verdutzt inne. Sehr gut, nun bekommt er aus Ihrer anderen Hand einen Happen. Üben Sie das über mehrere Tage so lange, bis Sie bei »No« die Hand samt Happen offen lassen können und der Hund ihn nicht nimmt.
Klappt das Abbruchsignal mit dem Happen in der Hand, liegt dieser als Nächstes direkt vor Ihnen auf dem Boden. Möchte der Hund ihn nehmen, kommt Ihr »No« oder »Stopp«. Je nachdem, wie der Vierbeiner reagiert, stellen Sie schnell genug einen Fuß auf den Happen, damit er ihn auf keinen Fall erwischt. Lässt er seinen Versuch, gibt es aus der Hand einen Happen. Auch das üben Sie, bis der Happen unberührt liegen bleibt, ohne dass Sie einen Fuß daraufstellen müssen.

NICHT ANSPRINGEN
Unerwünschtes Verhalten kann nicht mit Clickern korrigiert werden. Beim Anspringen beispielsweise ist Abwenden und Ignorieren angesagt oder ein Alternativverhalten.

Nun können Sie das Hörzeichen zu Beginn eines unerwünschten Verhaltens in Ihrer Nähe einsetzen (beispielsweise wenn der Hund Unrat wahrgenommen hat). Stellt er sein Verhalten ein, gibt es immer eine Belohnung.

MANAGEMENT

Oft hilft auch einfaches Management, beispielsweise dann, wenn Ihr Hund es liebt, in einem bestimmten Beet zu buddeln oder sich unerlaubt auf das Sofa zu legen. Oder wenn der Welpe gern an die Teppichfransen oder die Kabel von Elektrogeräten geht. Um hier jedes Verhalten zu clickern, das ihn davon abhält oder sein Verhalten jedes Mal mit einem Abbruchsignal zu unterbrechen, müssten Sie ihn rund um die Uhr im Auge haben. Das ist im Alltag aber unrealistisch. Außerdem wären Sie dann immer angespannt, was sich zusätzlich negativ auswirkt.
Das Mittel der Wahl ist hier, den »verbotenen« Bereich eine Weile unzugänglich zu machen. Also beispielsweise das Beet ein, zwei Saisons über einzuzäunen. So gewöhnt sich der Hund daran, dass es zwar da ist, für ihn aber ohne jegliche Bedeutung ist. Und das funktioniert schließlich auch ohne Zaun, sofern dieser lang genug eingesetzt wurde. Genauso können Sie die Tür zum Zimmer mit dem Sofa geschlossen halten bzw. das Sofa durch größere Bücher, Besenstiele und Ähnliches für den Hund ungemütlich gestalten. Kabel und Teppiche kann man wie das Beet abgrenzen, Teppiche außerdem vorübergehend einfach entfernen. Manches Verhalten »wächst« sich beim Welpen mit der Zeit nämlich von allein aus.
Futterdieb: Klaut Ihr Vierbeiner gern Essen von der Küchenanrichte oder Gegenstände von der Kommode, reicht es, wenn er über längere Zeit dort nichts mehr findet. Dadurch wird die Stelle uninteressant. Das bedeutet für Sie aber, auch lange genug akribisch alles wegzuräumen.

ALTERNATIVVERHALTEN

Auch mit einem Alternativverhalten lässt sich unerwünschtes Verhalten beeinflussen. Voraussetzung dafür ist allerdings, dass der Vierbeiner das Alternativverhalten, am besten auch unter Ablenkung, sehr gut beherrscht. Springt er Sie und andere Personen beispielsweise zur Begrüßung gern an, kann ein »Sitz« die passende Alternative sein. Wichtig ist dabei, dass Ihr Signal kommt, bevor er springt. Das »Sitz« wird dann entsprechend gut belohnt. Ist das Alternativverhalten noch nicht genug gefestigt, hilft auch Ignorieren. Dazu wendet man sich kommentarlos vom Hund ab, wenn er zum Anspringen ansetzt. Weil ihm damit die Aufmerksamkeit entzogen wird, hat er mit dem Anspringen keinen Erfolg.

Gut zu wissen

Sie kennen es schon vom Clickertraining – ein Verhalten, das positiv bestärkt wird, zeigt der Hund gern wieder. Das heißt, dass der Vierbeiner grundsätzlich das gern macht, was ihm etwas bringt. Auf der anderen Seite lässt er Dinge, die ihm dauerhaft nichts bringen. Das gilt nicht nur für das Training, sondern auch im täglichen Zusammenleben mit Ihnen. Achten Sie deshalb darauf, dass Sie nicht ungewollt etwas verstärken, was Sie nicht wollen. Dazu braucht es z. B. gar nicht die berühmte »Ausnahme« beim Betteln am Tisch. Schon ein Blick zum Hund kann für ihn eine Belohnung sein.

FALSCHER EINSATZ DES CLICKERS

Clickern gilt oft als eine Methode, bei der man im Gegensatz zu anderen Trainingsansätzen eigentlich nichts falsch machen kann. Doch so ist es nicht. Falsch eingesetzt kann man sich auch damit ungewollt diverse »Baustellen« schaffen.

NACH DER KONDITIONIERUNG

Manche Halter setzen den Clicker ein, um die Aufmerksamkeit ihres Hundes zu erregen, wenn er auf Ruf nicht kommt oder anderweitig abgelenkt ist. Das klappt zunächst meist auch gut. Hört der Vierbeiner das vertraute Geräusch, wenn er bereits auf den Clicker konditioniert ist, wird er sicher reagieren und herbeikommen, um sich sein Leckerchen abzuholen. Also hat der Click vermeintlich gewirkt. Doch Vorsicht – hier liegt ein Denkfehler! Der Hund lernt bei dieser Clickeranwendung, dass das Verhalten, das er unmittelbar vor dem Click gezeigt hat, richtig war. Wer also clickt, weil sein Hund den »Komm«-Ruf ignoriert, stattdessen aber gerade nach Mäusen gräbt, bestätigt dadurch letztlich genau dieses unerwünschte Verhalten. Ein anderer, nicht seltener Fall: Ihr Hund zerrt an der Leine, weil er

Zerrt der Hund an der Leine, weil er einen Artgenossen oder ein Wildtier sieht, ist ein Click, um seine Aufmerksamkeit zu bekommen, fehl am Platz. Denn damit würde das zuvor gezeigte unerwünschte Verhalten belohnt.

Rufen und belohnen Sie den Hund immer nur für das Kommen, wenn er vorher mit Vollgas losgerast ist, wird auch Letzteres verstärkt.

hinter einem Jogger herrennen will, anstatt sich auf Sie zu konzentrieren. Wenn Sie jetzt clicken, schaut er zwar womöglich zu Ihnen hoch und bekommt dann auch seine Belohnung. Für ihn ist das aber die Bestätigung seiner »Jagdlust« auf den Jogger, nicht die des Blickkontakts mit Ihnen. Denn dazu müssten Sie clicken, während er Sie anschaut, auf keinen Fall vorher!

OHNE KONDITIONIERUNG

Wenn Sie den Clicker lediglich dazu verwenden, um Ihren Vierbeiner aufmerksam zu machen, wird das zunächst so aussehen, als funktioniere es einfach durch Clicken. Das ungewohnte Geräusch weckt die Neugierde des Hundes, und er wird die Quelle erkunden wollen. Nach und nach wird er aber mit dem Geräusch vertraut, und es wird zunehmend uninteressanter. Oder er reagiert nur darauf, wenn er nichts Besseres vorhat. So oder so wird der Clicker für den Vierbeiner letztlich bedeutungslos, und Sie können ihn nicht mehr in seiner eigentlichen Funktion einsetzen.

UNBEMERKT MITTRAINIERT

Viele Übungen bestehen aus mehreren Verhaltensbausteinen, einer sogenannten Verhaltenskette. Beim Einräumen z. B. (→ Seite 60) nimmt der Hund zuerst einen Gegenstand auf, trägt ihn anschließend bis zum Wäschekorb und lässt ihn dort wieder aus. Diese Verhaltenskette bauen wir gezielt auf. Wenn man nicht aufpasst, kann man aber auch unerwünschte Verhaltensketten konditionieren, z. B. beim Rückruf. Angenommen Sie rufen den Hund immer nur dann, wenn er von Ihnen aus durchstartet, weil er etwas Interessantes wahrgenommen hat oder weil er einfach »rennfreudig« ist. Er kommt brav und wird belohnt. Machen Sie das immer nur so, konditionieren Sie nicht nur das Kommen, sondern auch das Losrennen mit. Das können Sie aber einfach vermeiden, indem Sie Ihren Hund immer wieder mal so zu sich rufen, wenn er normal dahinläuft, hinter Ihnen läuft, irgendwo schnüffelt oder nur dasteht und schaut. Neigt Ihr Hund zu einem größeren Radius, ist der Rückruf nicht das Mittel der Wahl, um das zu ändern. Sehr wirksam ist hier, wenn Sie häufig unangekündigt die Richtung wechseln. So lernt er, dass er von sich aus darauf achten muss, Anschluss zu halten. Das verkleinert automatisch seinen Radius.

DIE GRENZEN DES CLICKERS

Viele, die es das erste Mal mit dem Clickern versuchen, sind verblüfft, wie einfach man seinem Hund mit diesem kleinen Hilfsmittel etwas beibringen kann. Aber vergessen Sie bitte nicht: Der Hund ist keine Maschine und der Clicker kein Wundermittel. Ein harmonisches Zusammenleben verlangt mehr als eine Clickverknüpfung. Hier zählen vor allem die vertrauensvolle Beziehung und das souveräne Auftreten des Hundehalters, damit sein Vierbeiner ihn als Teamchef akzeptiert (→ Seite 34/35). Regeln im Zusammenleben sind verbindlich und geben Sicherheit. Dabei ist es wichtig, dass alle Bezugspersonen in gleicher Weise mit ihm umgehen. Alles andere verunsichert ihn.

KEIN ALLHEILMITTEL

Ein Hund, der von Natur aus ängstlich und unsicher ist, ob Menschen oder anderen Einflüssen gegenüber, kann nicht durch Clickertraining »geheilt« werden. Denn die Genetik lässt sich nicht beeinflussen. Auch Defizite in der Sozialisierung lassen sich wenig korrigieren, vor allem dann nicht, wenn ein angeborenes instabiles Nervenkostüm dazukommt. Je nachdem, wie stark diese Wesenseigenschaften ausgeprägt sind, kann sich aber eine gewisse Verbesserung erreichen lassen. Besonders, wenn das Defizit nur bestimmte Bereiche betrifft – also etwa Angst vor einem bestimmten Geräusch, Misstrauen gegenüber Menschen in dicken Anoraks und Ähnliches. Hier ist es wichtig, den Hund langsam und sehr kleinschrittig an die Reize heranzuführen und ihn dabei sehr genau zu beobachten. Denn es kommt darauf an, im exakt richtigen Moment gewünschtes Verhalten zu belohnen und nicht womöglich das problematische ungewollt noch zu verstärken. Ähnliches gilt für rassetypische Eigenschaften wie einen ausgeprägten Schutz- und Wachinstinkt, Jagdpassion usw. Clickertraining allein reicht hier nicht aus. Um solche Verhaltensweisen zu beeinflussen, ist es zunächst wichtig, den Hund nicht nur körperlich, sondern vor allem auch mental entsprechend auszulasten. Ist der Vierbeiner unterfordert, entlädt sich gestaute Energie anderweitig.

Je nach Veranlagung kann eine adäquate Beschäftigung beispielsweise Apportiertraining sein, aber auch Fährtenarbeit oder Hundesportarten wie Agility oder Obedience. Bauen Sie auch in die Spaziergänge immer wieder Aufgaben für Ihren Hund ein, etwa Balancieren über Baumstämme, Suchaufgaben und Ähnliches. Zuverlässig gefestigte Basics wie Rückruf, Sitz usw. und die Etablierung von Alternativverhalten sind weitere wichtige Elemente, die in entsprechenden Situationen helfen, Konflikte zu vermeiden.

Gut zu wissen

Manchmal wird empfohlen, Problemverhalten unter Signalkontrolle zu bringen – dem Hund also beizubringen, es nicht ohne Kommando auszuführen. Anspringen von Personen, übermäßiges Bellen, unruhiges Verhalten usw. können jedoch verschiedenste Ursachen haben, wie Unterforderung, Stress, Misstrauen und unbewusstes Belohnen. Hier ist es sinnvoller, zunächst die Ursache für das Problemverhalten zu finden und zu behandeln als lediglich die Symptome.

MEINS UND DEINS
Klauen vom Tisch ist nicht erlaubt! Feste Regeln und Grenzen sowie deren konsequente Einhaltung sind neben dem Erlernen von Signalen unerlässlich. Nur dann funktioniert das Zusammenleben.

Die **halbfett** gesetzten Seitenzahlen verweisen auf Abbildungen, UK = Umschlagklappe.

A

B

C

D/E

F

G

H

J

K

L

M

N

P

R

S

T

U

V

W/Z

Die Inhalte dieses Buches beziehen sich auf die Bestimmungen des deutschen Tier- bzw. Artenschutzes. In anderen Ländern können die Angaben abweichend sein. Erkundigen Sie sich daher im Zweifelsfall bei Ihrem Zoofachhändler oder bei der entsprechenden Behörde.

VERBÄNDE/VEREINE

- Fédération Cynologique Internationale (FCI), Place Albert 1er, 13, B-6530 Thuin www.fci.be
- Verband für das Deutsche Hundewesen e. V. (VDH), Westfalendamm 174, 44141 Dortmund www.vdh.de
- Österreichischer Kynologenverband (ÖKV), Siegfried Marcus-Str. 7, A-2362 Biedermannsdorf www.oekv.at
- Schweizerische Kynologische Gesellschaft (SKG/SCS), Thalstr. 49, CH-4710 Balsthal www.skg.ch

Anschriften von Hundeclubs und -vereinen können Sie bei den vorgenannten Verbänden erfragen.

Wichtiger Hinweis

Die Haltungsregeln in diesem Buch beziehen sich auf normal entwickelte Hunde aus guter Zucht, also auf gesunde, charakterlich einwandfreie Tiere. Auch gut erzogene und sorgfältig beaufsichtigte Hunde können Schäden an fremdem Eigentum verursachen. Der Abschluss einer Hundehaftpflichtversicherung ist in jedem Fall dringend zu empfehlen. Menschen mit Tierhaarallergien sollten vor Anschaffung eines Hundes ihren Arzt befragen.

- Deutscher Hundesportverband e. V. (DHV), Vosshoeveler Str. 9a, 46485 Wesel www.dhv-hundesport.de
- Deutscher Tierschutzbund e. V., In der Raste 10, 53129 Bonn www.tierschutzbund.de
- Österreichischer Hundesportverband (ÖHV), Stahlstr. 31, A-4030 Linz www.hundesportverband.at
- Schweizerischer Hundesportverband, Via Nassa 3A, CH-6900 Lugano www.swissdsf.ch

FRAGEN ZUR HALTUNG

beantworten Ihr Zoofachhändler und der Zentralverband Zoologischer Fachbetriebe Deutschlands e.V., Tel.: 06 11/44 75 53-0 (Mo–Fr von 9–17 Uhr), www.zzf.de

REGISTRIERUNG VON HUNDEN

- TASSO e. V., Abt. Haustierzentralregister, Ludwig-Erhard-Str. 30–34, 65760 Eschborn, Tel.: 0 61 90/93 73 00 www.tasso.net
- Internationale Zentrale Tierregistrierung (IFTA), Tel.: 0 08 00/43 82 00 00 (kostenlos) www.tierregistrierung.de

HUNDE IM INTERNET

- www.hund.ch
- www.hunde.com
- www.hundeadressen.de
- www.hundeherz.ch
- www.hundezeitung.de
- www.my-pet.org
- www.planethund.com
- www.thmev.de

Internetportale für Tiermedizin:

- www.ggtm.de
- www.tiermedizinportal.de

BÜCHER, DIE WEITERHELFEN

- Hegewald-Kawich, Horst: Hunderasse von A–Z. Gräfe und Unzer Verlag, München
- Henkelmann, André: Impulskontrolle? Kein Problem! Gräfe und Unzer Verlag, München
- Marioth, Katharina: Mein Herz schlägt Hund. Gräfe und Unzer Verlag, München
- Schillack, Alexander/Spahr, Johanna: Hunde erziehen ohne Schimpfen. Gräfe und Unzer Verlag, München
- Schmidt-Röger, Heike: Praxishandbuch Hunde. Gräfe und Unzer Verlag, München
- Vogt, André/Birkenholz, Eva: Typgerechte Hundeerziehung. Gräfe und Unzer Verlag, München
- Winkler, Sabine: Hunde-Clicker-Box. Gräfe und Unzer Verlag, München
- Wischall-Wagner, Alexandra: Nie mehr Stress mit meinem jagenden Hund. Gräfe und Unzer Verlag, München
- Ziemer-Falke, Kristina/Ziemer, Jörg: Gelassen Gassi gehen. Gräfe und Unzer Verlag, München

Weitere Bücher der Autorin im Gräfe und Unzer Verlag

- Hundeerziehung. Für jede Alltagssituation die passende Lösung
- Hunde-Gassi-Box
- Hundesprache
- Rückruftraining für Hunde
- So einfach geht Hundeerziehung
- Welpenerziehung
- Welpen-Starter-Box

ZEITSCHRIFTEN

- Der Hund. FORUM Zeitschriften und Spezialmedien GmbH, Merching
- Partner Hund. Ein Herz für Tiere Media GmbH, Ismaning
- Hundewelt, Minerva Verlag GmbH, Mönchengladbach
- Unser Rassehund. Hrsg. Verband für das Deutsche Hundewesen e. V., Dortmund
- Dogs. Gruner + Jahr, Hamburg

BILDNACHWEIS

Cover: Stocksy/Samantha Gehrmann
Illustrationen: Bella Illenberger
Fotografie:
Anna Auerbach: U8-2, 14-15, 21, 31-1, 31-2, 31-3, 43, 54, 61, 64, 77-1, 77-2, 87; **Getty Images:** 28; **Oliver Giel:** U3-1, U4-1, U4-2, U4-3, U5-1, U5-2, U6-1, U6-2, U8-1, 6, 8, 9-1, 9-2, 9-3, 13, 17, 18, 19, 22-1, 22-2, 22-3, 23-1, 23-2, 23-3, 23-4, 27-1, 27-2, 27-3, 32, 33, 39-1, 39-2, 46, 57-1, 57-2, 57-3, 58, 60, 62, 63, 74-1, 74-2, 75, 78, 80, 89; **iStock:** 4-4, 5-4, 86; **Angela Kraft:** U6-3; **Katharina Schlegl-Kofler:** 94; **Shutterstock:** U3-2, 2, 3, 4-1, 4-2, 5-1, 5-2, 5-3, 5-5, 5-6, 53-1, 53-2; **Christine Steimer:** 41-1, 41-2, 41-3, 45, 48, 49-1, 49-2, 50, 68, 69-1, 69-2, 72, 73, 81-1, 81-2, 83, 84; **stock.adobe.com:** U7, 1, 4-3, 36, 67, 70-71

Katharina Schlegl-Kofler

»Clickertraining macht meiner Hündin und mir viel Spaß! Sie räumt beispielsweise mit viel Freude Handschuhe in die Kommode oder wirft den leeren Joghurtbecher in den Mülleimer.«

Katharina Schlegl-Kofler ist erfahrene Hundetrainerin und Expertin für artgerechte Hundehaltung. Sie beschäftigt sich schon lange intensiv mit den Vierbeinern und deren Verhaltensweisen. Durch die Erfahrung in ihrer Hundeschule, die sie 20 Jahre geführt hat, bietet sie Hundehaltern fundierten Rat für die Erziehung ihres Hundes.

G|U

LIEBE LESERIN, LIEBER LESER,

wie wunderbar, dass du dich für ein Buch von GU entschieden hast! In unserem Verlag dreht sich alles darum, dir mit gutem Rat dein Leben schöner, erfüllter und einfacher zu machen. Unsere Autorinnen und Autoren sind echte Expertinnen und Experten auf ihren Gebieten, die ihr Wissen mit viel Leidenschaft mit dir teilen. Und unsere erfahrenen Redakteurinnen und Redakteure stecken viel Liebe und Sorgfalt in jedes Buch, um dir ein Leseerlebnis zu bieten, das wirklich besonders ist. Qualität steht bei uns schon seit jeher an erster Stelle – jedes Buch ist von Büchermenschen für Buchbegeisterte gemacht, mit dem Ziel, dein neues Lieblingsbuch zu werden.

Deine Meinung ist uns wichtig, und wir freuen uns sehr über dein Feedback und deine Empfehlungen – sei es im Freundeskreis oder online.

Viel Spaß beim Lesen und Entdecken!

PS: Hier noch mehr GU-Bücher entdecken: www.gu.de

DIE BÜCHERMENSCHEN HINTER DIESEM PROJEKT

Verlagsleitung: Nadja Harzdorf-van Wickeren
Projektleitung: Jens van Rooij
Lektorat: Sylvie Hinderberger
Korrektorat: Christian Wolf
Cover & Layout: ki36 Sabine Krohberger Editorial Design, München
Satz: Christopher Hammond
Herstellung: Petra Roth
Illustration: Bella Illenberger
Reproduktion: Longo AG, Bozen
Druck & Bindung: Firmengruppe Appl, aprinta GmbH, Wemding

Grillparzerstraße 8, 81675 München

www.gu.de/kontakt | hallo@gu.de

1. Auflage 2026,
ISBN: 978-3-7589-0170-6

WERDE TEIL DER GU-COMMUNITY!

Du und deine Familie, dein Haustier, dein Garten oder einfach richtig gutes Essen. Egal, wo du im Leben stehst: Als Teil unserer Community entdeckst du die neuesten GU-Bücher als Erstes, du genießt exklusive Leseproben und wirst mit wertvollen Impulsen und kreativen Ideen bereichert.

Worauf wartest du? Sei dabei!

www.gu.de/gu-community

WARUM UNS DAS BUCH BEGEISTERT

Clickern ist ein echter Gamechanger – und dieses Buch zeigt so klar und praxisnah wie kaum ein anderes, worauf es beim Training wirklich ankommt.

Nadja Harzdorf-van Wickeren, Verlagsleitung

WICHTIGER HINWEIS

Die Gedanken, Methoden und Tipps in diesem Buch basieren auf den Erfahrungen unserer Autorinnen und Autoren. Sie wurden nach bestem Wissen erstellt und mit größtmöglicher Sorgfalt geprüft. Weder die Autoren noch der Verlag können jedoch für eventuelle Nachteile oder Schäden, die aus den im Buch gegebenen praktischen Hinweisen resultieren, eine Haftung übernehmen.